Der praktische Maschinenwärter

Anleitung
für
Maschinisten und Heizer
sowie zum
Unterricht in technischen Schulen

von

Paul Brauser,
vorm.: Oberingenieur des Dampfkessel-Ueberwachungs-Vereins für den Regierbez. Aachen.

und

Joseph Spennrath,
weil. Direktor der gewerblichen Schulen der Stadt Aachen.

Neubearbeitet von S. Bock,
Kapitänleutnant des Marine-Ingenieurwesens a. D.

Neunte Auflage.

Mit 53 Abbildungen

Berlin W.
Verlag von M. Krayn.
1926.

Vorrede

zur achten verbesserten Auflage.

Seit Ausgabe der 7. Auflage dieses Buches ist kaum 1 Jahr verflossen, und es ist wiederum eine neue Auflage notwendig, trotz der schweren Zeit, in der unsere Industrie für ihr Dasein kämpfen muß. Desto eifriger aber werden gerade die Maschinisten und solche, die es werden wollen, nach einem Werk greifen, das ihnen in der klarsten und einfachsten Weise die hauptsächlichsten Kenntnisse überliefern will, die zur Ausübung ihres Berufes zunächst notwendig sind. Dies zu erreichen ist der Wunsch der alten Verfasser.

Aachen, im Oktober 1919

Die Verfasser.

Vorrede

zur neunten umgearbeiteten Auflage.

Die neunte Auflage hat eine zeitgemäße Umarbeitung besonders der Dampfturbine erfahren.

Aachen und Kiel, im November 1925.

Die Verfasser.

Druck von Rosenthal & Co., Berlin NW 21.

Einleitung.

Bei dem Dampfbetrieb wird auf dem Rost unter dem Kessel durch Verbrennung Wärme erzeugt. Diese Wärme wird benutzt, um das Wasser im Kessel in gespannten Dampf zu verwandeln. Mit Hilfe besonderer Vorrichtungen soll der gespannte Dampf weiterhin dazu dienen, Bewegungen auszuführen und dabei Widerstände zu überwinden. Dies nennt man mechanische Arbeit leisten. Jede hierzu geeignete Vorrichtung wird eine Dampfmaschine genannt.

Das Wesen des Dampfbetriebes besteht hiernach darin, die durch Verbrennung erhaltene Wärme in mechanische Arbeit umzusetzen, und die Aufgabe der Dampfmaschine insbesondere ist die, diese Arbeit mit Hilfe des durch die Wärme erzeugten gespannten Wasserdampfes zu leisten.

§ 1. Das Messen der mechanischen Arbeit. Um die Leistung einer im Betrieb befindlichen Dampfmaschine beurteilen und in Zahlen ausdrücken zu können, muß man imstande sein, die von ihr geleistete mechanische Arbeit zu messen. Dazu gehört ein Maß oder eine Maßeinheit. Man erhält eine solche in folgender Weise. Wir sagen, es werde mechanische Arbeit geleistet, wenn eine Bewegung ausgeführt und dabei ein Widerstand überwunden wird. Denken wir uns nun, wir wollten einen festen Körper in gerader

Linie vorwärts bewegen. Zu dieser Fortbewegung soll ein Zug oder Druck von 1 kg erforderlich sein. Wir werden deshalb eine bestimmte Arbeit leisten, wenn wir diesen Körper genau 1 m vorwärts ziehen oder schieben. Es ist klar, daß wir die doppelte, dreifache, zehnfache Arbeit leisten, wenn wir den Körper 2 m, 3 m, 10 m vorwärts bewegen.

Wenn nun aber im vorliegenden Falle der feste Körper seiner Fortbewegung einen doppelt so großen Widerstand entgegensetzt, also wenn wir mit einer Kraft von 2 kg drücken oder ziehen müssen, um ihn in Bewegung zu halten, so ist klar, daß die geleistete Arbeit in den einzelnen Fällen ebenfalls doppelt so groß sein wird. Ebenso wird die Arbeit die dreifache, zehnfache, hundertfache sein, wenn der bewgete Körper zu seiner Fortbewegung eine Kraft von 3, 10, 100 kg erfordert.

Wenn wir also einen Körper, welcher seiner Fortbewegung einen Widerstand von 8 kg entgegensetzt, um 6 m vorwärts bringen, so ist die geleistete Arbeit $8 \times 6 = 48$ mal so groß, als wenn wir einen Körper, dessen Fortbewegung nur 1 kg erfordert, 1 m vorwärts bewegt hätten. Die Größe der mechanischen Arbeit hängt hiernach ab von der Größe des Widerstandes, welchen der Körper seiner Fortbewegung entgegensetzt, und von der Länge des Weges, um welche er vorwärts bewegt wird. Die Größe der Arbeit wird erhalten, wenn wir die Zahl der Kilogramme, welche als Zug oder Druck zur Fortbewegung erforderlich sind, mit der Zahl der Meter vervielfältigen, um welche der Körper fortbewegt wurde.

Dies genügt indessen noch nicht, um die geleistete Arbeit in den verschiedenen Fällen mit einander vergleichen, also auch nicht, um im einzelnen Falle die Arbeit messen zu können. Es ist weiterhin noch zu berücksichtigen, innerhalb welcher Zeit eine bestimmte Arbeit geleistet wurde. Denken wir uns, daß zwei Personen A und B je einen Körper von gleicher Beschaffenheit auf einer ebenen Fläche um 1 m in gerader Linie vorwärts schieben, und daß jede hierzu mit einer Kraft von 10 kg drücken muß. Die Person A soll aber das Schieben um 1 m in 1 Sekunde ausführen, während die Person B hierzu 2 Sekunden braucht. Nach Ablauf der ersten Sekunde hat also B den Körper nur einen halben Meter vorwärts gebracht. Soweit nun die Gesamtleistung in Frage kommt, ist die Arbeit von A und B dieselbe, denn jeder hat bei der Fortbewegung seines Körpers die gleiche Strecke zurückgelegt und dabei in jedem Punkte der Bahn denselben Widerstand überwunden. Fragen wir uns aber, wie groß die von beiden in 1 Sekunde geleistete Arbeit ist, so müssen wir uns sagen, daß B nur halb soviel als A geleistet hat.

Um deshalb die Leistung von Kräften oder Kraftmaschinen, also auch von Dampfmaschinen, mit einander vergleichen zu können, müssen wir feststellen, wieviel Arbeit in derselben Zeiteinheit geleistet wurde. Als Zeiteinheit dient hierbei allgemein die Sekunde.

Nehmen wir also an, von zwei Personen A und B schiebt A mit einem Druck von 12 kg einen Körper 8 m voran und braucht dazu 4 Sekunden. B schiebt mit einem Druck von 18 kg einen Körper 4 m und braucht dazu 6 Sekunden. Alsdann ist die

Gesamtarbeit von A: $12 \times 8 = 96$
" " B: $18 \times 4 = 72$.

Die in 1 Sekunde geleistete Arbeit ist aber

$$\text{bei A: } \frac{12 \times 8}{4} = 24$$

$$\text{— B: } \frac{18 \times 4}{6} = 12$$

In 1 Sekunde also hat A doppelt soviel Arbeit geleistet als B.

Die in 1 Sekunde von einer Kraftmaschine geleistete Arbeit heißt die sekundliche Leistung, auch wohl kurzweg die Leistung der Maschine.

Der in 1 Sekunde von einem bewegten Körper zurückgelegte Weg wird die Geschwindigkeit dieses Körpers genannt. Demnach können wir auch sagen, wir erhalten die mechanische Arbeit, indem wir den Widerstand eines bewegten Körpers mit seiner Geschwindigkeit vervielfältigen.

§ 2. Kilogrammeter. Pferdekraft. Als Maßeinheit für die mechanische Arbeit dient diejenige Arbeitsgröße, welche erforderlich ist, um eine Last von 1 kg, d. h. einen Widerstand, zu dessen Ueberwindung ein Druck oder Zug von 1 kg erforderlich ist, um 1 m fortzubewegen. Eine solche Arbeit wird beispielsweise geleistet, wenn man ein Gewicht von 1 kg auf eine Höhe von 1 m hebt. Diese Arbeitsgröße wird Kilogrammeter, auch wohl Meterkilogramm genannt und durch das Zeichen 1 kgm ausgedrückt. Das 75fache dieser Arbeitsgröße, also 75 kgm, wird eine Pferdekraft oder Pferdestärke genannt und dient allgemein zum Messen der Arbeit von Kraftmaschinen.

Die Arbeits**leistung** einer Kraftmaschine wird stets in Kilogrammetern bezw. Pferdestärken ausgedrückt und stillschweigend auf 1 Sekunde bezogen. Sagen wir von einer Dampfmaschine, sie habe, oder, was richtiger ist, sie **leiste** 50 Pferdekraft, so heißt dies, sie leistet eine mechanische Arbeit von 50 × 75 kgm in jeder Sekunde, sie kann 50×75 kg auf 1 m Höhe heben. Eine **Pferdekraftstunde** bedeutet hiernach, daß während der Dauer einer Stunde in jeder Sekunde eine Arbeit von 1 Pferdekraft = 75 kgm geleistet wird.

Der Bezeichnung **Pferdekraft** für eine Arbeitsleistung von 75 kgm in 1 Sekunde liegt die Annahme zu Grunde, daß ein Pferd durchschnittlich eine Zugkraft von 75 kg ausüben und dabei in jeder Sekunde sich um 1 m vorwärtsbewegen könne. Die Annahme ist tatsächlich unrichtig, auch die Bezeichnung Pferdekraft durchaus unzweckmäßig; sie hat sich aber durch langen Gebrauch allgemein eingebürgert.

Die als **Leistung** bezeichnete Arbeitsgröße hängt von drei Dingen ab: von dem Widerstand des bewegten Körpers, von der Länge des zurückgelegten Weges und von der verbrauchten Zeit. Um 1 **Sekundenkilogrammeter**, d. h. 1 kgm in 1 Sekunde an Arbeit zu leisten, ist es deshalb nicht nötig, gerade 1 kg in 1 Sekunde 1 m hoch zu heben. Es kann beispielsweise der Widerstand größer werden, wenn der in 1 Sekunde zurückgelegte Weg entsprechend kleiner wird, oder umgekehrt kann der zurückgelegte Weg größer sein, wenn der Widerstand entsprechend kleiner wird. Ebenso können der Widerstand oder der Weg oder beide zugleich größer werden, wenn die auf die Arbeit verwandte Zeit in demselben Maße sich vergrößert usw. Eine Arbeit von 1 Sekundenkilogrammeter = 1 kgm/sec wird deshalb stets geleistet, wenn wir beispielsweise heben:

in	1	Sekunde	$^1/_{10}$	kg	10	m	hoch,	
„	1	„	10	„	$^1/_{10}$	„	„	
„	10	Sekunden	10	„	1	„	„	
„	10	„	1	„	10	„	„	
„	100	„	10	„	10	„	„	
„	$^1/_{10}$	Sekunde	$^1/_{10}$	„	1	„	„	
„	$^1/_{10}$	„	1	„	$^1/_{10}$	„	„	
„	$^1/_{100}$	„	$^1/_{10}$	„	$^1/_{10}$	„	„	usw.

Will ich ein Gewicht von 1 kg auf eine Höhe von 1 m heben, so könnte ich die Arbeit auch so ausführen, daß ich das Gewicht nicht in senkrechter, sondern in schräger Richtung vom Boden aufwärts trage. Dadurch würde ich den zurückgelegten Weg verlängern, nicht aber die erforderliche Arbeitsleistung verändern, falls die auf die Arbeit verwandte Zeit dieselbe bleibt.

§ 3. **Beziehung zwischen Wärmeeinheit und Arbeitseinheit.** Beim Dampfbetrieb handelt es sich darum, Wärme in mechanische Arbeit umzusetzen. Dabei entsteht die Frage, wieviel mechanische Arbeit für eine bestimmte Wärmemenge eingetauscht werden kann. Als Wärmeeinheit dient hierbei die Wärmemenge, welche erforderlich ist, um 1 kg Wasser um 1° C wärmer zu machen. Durch vielfache Untersuchungen ist nun festgestellt, daß 1 Wärmeeinheit bei der Umsetzung in mechanische Arbeit 425 kgm liefert. Da man umgekehrt auch mechanische Arbeit wieder in Wärme verwandeln kann, so würde folglich 1 kgm $^1/_{425}$ Wärmeeinheit liefern.

§ 4. **Berechnung der Arbeitsleistung einer Dampfmaschine.** Bei allen Dampfmaschinen wirkt der aus dem Kessel kommende gespannte Dampf in einem abgeschlossenen Raume gegen eine bewegliche Wand und schiebt diese bewegliche Wand vorwärts. Der abgeschlossene Raum heißt von seiner Form Dampfzylinder oder Zylinder, die in demselben befindliche bewegliche Wand wird Kolben genannt. Indem der Dampf bald von der einen, bald von der anderen Seite auf den Kolben drückt, wird dieser in dem Zylinder hin- und hergeschoben. Die hin- und hergehende Bewegung des Kolbens wird durch Stangen (Kolbenstange und Pleuelstange) auf eine Kurbel übertragen und dadurch in eine drehende Bewegung verwandelt.

Um nun die von der Maschine geleistete mechanische Arbeit bestimmen zu können, muß man den Weg kennen, welchen der Kolben in jeder Sekunde zurücklegt, und ferner den Widerstand, welchen er hierbei überwindet, oder, was dasselbe bedeutet, die Kraft, mit welcher er hin- und herbewegt wird.

Den von dem Kolben in 1 Sekunde zurückgelegten Weg findet man leicht, wenn man die Hublänge der Maschine und die Zahl ihrer Umdrehungen in einer bestimmten Zeit, etwa in 1 Minute kennt. Unter der Hublänge versteht man die Strecke, welche der Kolben in dem Zylinder in der einen oder der anderen Richtung zu durchlaufen hat. Ein vollständiger Hin- und Rückgang des Kolbens wird ein Doppelhub genannt. Bei jedem Doppelhub macht die Hauptwelle, auf welche die Bewegung des Kolbens übertragen wird, bezw. das auf der Hauptwelle sitzende Schwungrad eine volle Umdrehung. Angenommen, das Schwungrad mache in der Minute 90 Umdrehungen, und die Hublänge betrage 50 cm, so findet sich die Geschwindigkeit des Kolbens oder der von dem Kolben in 1 Sekunde durchlaufene Weg leicht in folgender Weise. Bei 90 Umdrehungen macht der Kolben 90 Doppelhübe, legt also einen Weg von $90 \times 2 \times 50$ cm $= 90$ m zurück. Für jede Sekunde ergibt sich also ein Weg von

$$\frac{90}{60} = 1{,}5 \text{ m}.$$

Die Kraft, mit welcher der Kolben im Zylinder hin- und hergeschoben wird, hängt ab von der Größe des Kolbens und von der Dampfspannung im Kessel Der Dampfdruck wird stets in Atmosphären angegeben. Unter dem Druck einer Atmosphäre verstehen wir einen Druck von 1 kg auf 1 qcm Fläche. Der Kolben ist kreisförmig. Man findet seinen Flächeninhalt, indem man seinen Halbmesser mit sich selbst und die dadurch erhaltene Zahl noch mit $\frac{22}{7}$ vervielfältigt. Angenommen, der Durchmesser des Kolbens sei 28 cm, sein Halbmesser also 14 cm, so ist der Flächeninhalt des Kolbens: $\frac{14 \times 14 \times 22}{7} = 616$ qcm. Der auf den Kolben wirkende Druck hängt ferner von der Dampfspannung im Kessel ab. Die Dampfspannung im Zylinder ist stets etwas kleiner als die Spannung im Kessel. Wir wollen annehmen, daß die Spannung im Zylinder gerade 5 Atmosphären betrage. Dann ist der gesamte auf den Kolben wirkende Druck $5 \times 616 = 3080$ kg.

Die von der Maschine in 1 Sekunde geleistete Arbeit ist hiernach

$$3080 \times 1{,}5 = 4620 \text{ kgm} = \frac{4620}{75} = 61{,}6 \text{ Pferdekraft.}$$

Vorausgesetzt wird hierbei, daß die Dampfspannung während des ganzen Hubes dieselbe bleibt, und daß der Kolben, während er auf der einen Seite dem Dampfdruck ausgesetzt ist, auf der anderen den Luftwiderstand zu überwinden hat, daß also die Maschine ohne Expansion und ohne Kondensation arbeitet.

Bei der Berechnung der Arbeitsleistung einer Kondensationsmaschine haben wir zu berücksichtigen, daß der auf die Flächeneinheit des Kolbens wirkende Dampfdruck größer ist als die Dampfspannung im Kessel bezw. im Zylinder. Würden wir bei der Kondensation des Abdampfes einen vollständig luftleeren Raum erzeugen können, so würde die wirksame Dampfspannung um 1 Atmosphäre wachsen. Tatsächlich läßt sich das nicht erreichen. Meistens gelingt es nur, die Luft im Kondensationsraume stark zu verdünnen. Den Grad der Verdünnung zeigt das Vakuummeter an. Zeigt dieses 0,8 oder 80 % Verdünnung an, so ist bei der Berechnung die wirksame Dampfspannung um 0,8 Atmosphäre höher in Rechnung zu stellen.

Bei einer Expansionsmaschine wird die Dampfspannung im Zylinder nach Absperrung der Dampfzufuhr vom Kessel in dem Maße geringer, wie der Kolben vorwärts geht, der Dampf also einen größeren Raum ausfüllt. Die Berechnung der Arbeitsleistung einer Expansionsmaschine findet sich bei der Besprechung der Expansionsvorrichtung angegeben.

Die auf die vorstehende Art berechnete Arbeit einer Dampfmaschine heißt die theoretische Leistung der Maschine. Hiervon zu unterscheiden ist die nutzbare Leistung, d. h. diejenige Arbeit, welche von der Maschine auf die Schwungradwelle übertragen wird. Diese ist stets viel geringer als die theoretische Leistung. Der Verlust ist darauf zurückzuführen, daß die Maschine bei ihrer Bewegung mannigfache Hindernisse zu überwinden hat, und daß zu dieser Ueberwindung ein Teil der Arbeit verbraucht wird.

§ 5. Arbeitsverluste. Die Arbeitsverluste einer Dampfmaschine liegen erstens in der Druckverminderung, welche der Dampf in den Rohrleitungen und in den Zuströmungskanälen des Zylinders erleidet, insbesondere dann, wenn diese Zuführungsgänge ihre Richtung verändern, ferner in dem Widerstand, welchen die Luft den in

Bewegung befindlichen Teilen der Maschine entgegensetzt; endlich und zwar hauptsächlich werden sie verursacht durch die Reibung, welche der Kolben an den Zylinderwänden, die Kolbenstange in ihren Führungen, die Achsen in ihren Lagern, überhaupt die bewegten Teile erfahren. Die erstgenannten beiden Verluste können nicht vermieden, auch nicht wesentlich vermindert werden. Sie sind überdies von verhältnismäßig geringer Bedeutung. Einen großen Einfluß aber übt die Reibung aus, und es ist Aufgabe des Maschinenwärters, die Größe dieses Widerstandes tunlichst herabzumindern.

§ 6. **Die Reibung.** Reibung entsteht überall da, wo zwei Körper, von denen wenigstens einer sich in Bewegung befindet, mit einander in Berührung stehen. Die Reibung ist am größten, wenn beide Körper feste sind, und dieser Fall kommt bei dem Reibungswiderstand der Dampfmaschine allein in Betracht. Es findet jedoch auch Reibung zwischen festen und flüssigen bezw. gasförmigen Körpern statt.

Die Ursache der Reibung zwischen zwei festen Körpern ist darin zu suchen, daß die Flächen, mit welchen die Körper sich berühren, auch bei der sorgfältigsten Bearbeitung nicht vollkommen glatt sind, sondern zahllose Unebenheiten enthalten. Bei der Berührung greifen diese Unebenheiten in einander ein und setzen damit der Fortbewegung des einen oder anderen Körpers einen Widerstand entgegen. Daraus ergibt sich zunächst, daß die Reibung um so geringer sein wird, je kleiner die Unebenheiten sind, also je glatter die sich berührenden Flächen gemacht werden.

Das für den Maschinenwärter wichtigste Gesetz über die Reibung ist dasjenige, welches besagt, daß die Reibung um so größer ist, je rauher die sich reibenden Flächen sind. Es folgt daraus für ihn die Notwendigkeit, die Unebenheiten der sich reibenden Maschinenteile nach Möglichkeit zu beseitigen und dadurch glatte Reibungsflächen herzustellen. Er erreicht dies in der wirksamsten Weise durch Zugabe von Schmiermitteln.

Die Schmiermittel.

Als Schmiermittel dienen feste, halbfeste und tropfbar flüssige Körper. Der einzige als Schmiermittel benutzte feste Körper ist feingemahlener Graphit. Derselbe muß jedoch von allen erdigen Beimengungen, mit denen er bei seinem Vorkommen in der Natur vielfach verunreinigt ist, sorgfältig befreit sein. Dieser Bedingung genügt am besten der seit einiger Zeit in den Handel gebrachte Flockengraphit. Die Schmierfähigkeit des Graphites beruht darauf, daß er aus außerordentlich feinen, weichen Teilchen besteht, welche sich leicht in die Unebenheiten der Reibungsflächen hineindrücken lassen und diese dadurch ausfüllen. Es kommt dabei wesentlich in Betracht, daß das Eindringen der Graphitteilchen in die Unebenheiten durch den gegenseitigen Druck der reibenden Flächen wirksam unterstützt wird. Immerhin hat jedoch der Graphit als Schmiermittel nur eine untergeordnete Bedeutung. Halbfeste oder weiche Schmiermittel sind gewisse bei gewöhnlicher Temperatur feste tierische Fette, insbesondere Talg oder Schweinefett, ferner Vaseline sowie die unter dem Namen Schmierseife bekannte weiche Seife, endlich verschiedene unter der Bezeichnung Räder- oder Wagenschmiere benutzte Schmiermittel. Die Schmierfähigkeit dieser Körper beruht ebenfalls darauf, daß sich dieselben durch Druck in die Unebenheiten der Reibungsfläche hineinbringen lassen. Es kommt ferner bei ihnen in Betracht, daß sie bei verhältnismäßig niederer Temperatur schmelzen und sich alsdann wie Oele verhalten. Diese geringe Temperaturerhöhung entsteht leicht infolge der durch die Reibung erzeugten Wärme. Eine Ausnahme bezüglich der leichten Schmelzbarkeit macht die Seife, welche erst bei einer Temperatur über 100° flüssig wird. Schon aus diesem Grunde ist die Seife ein schlechtes Schmiermittel; sie ist aber noch aus einer anderen Ursache als Schmiermittel zu verwerfen. Diese beruht auf ihrer chemischen Wirkung und wird weiterhin besprochen werden.

Die unter dem Namen Räder- und Wagenschmieren benutzten halbfesten Massen werden gewöhnlich durch Verbindung von Harzöl mit gelöschtem Kalk erhalten. Zur Verdickung setzt man der Masse noch feingemahlenen Graphit, zur Verdünnung Mineralöl zu.

Die wichtigsten Schmiermittel sind die Oele, d. h. die flüssigen Fette des Tier- und Pflanzenreiches, und die unter dem Namen Mineralöle bekannten Flüssigkeiten. Alle Oele besitzen die für die Schmierfähigkeit wichtige Eigenschaft, daß sie anderen Körpern fest anhaften und mit großer Leichtigkeit in die feinsten Vertiefungen derselben eindringen. Benetzen wir beispielsweise die Hand mit Wasser, so läßt sich durch Abreiben mit einem trockenen Tuch das Wasser leicht entfernen. Benetzen wir dagegen die Hand mit Oel, so gelingt es auch bei anhaltendem und kräftigem Reiben nicht, den letzten Rest des Oeles abzuwischen. Die Oele haben ferner die wichtige Eigenschaft, daß sie an der Luft nicht verdunsten. Ein mit Oel geschmiertes Lager kann also durch Austrocknen kein Schmiermaterial verlieren. Auf der Fähigkeit der Oele, in Vertiefungen einzudringen und diese auszufüllen, beruht es, daß dieselben sich schlüpfrig anfühlen. Reiben wir beispielsweise die Innenflächen von Daumen und Zeigefinger einer Hand aneinander, so verspüren wir einen Widerstand, welcher dadurch entsteht, daß die Unebenheiten der Haut ineinandergreifen und eine Reibung erzeugen. Nehmen wir ein wenig Oel zwischen die Finger, so gleiten die Hautflächen leicht aneinander vorbei, weil jetzt die Unebenheiten ausgefüllt werden, der Reibungswiderstand also aufhört.

Es sind nun nicht alle Oele in gleichem Maße und in allen Fällen als Schmiermittel geeignet. Wir müssen vorerst zwischen den aus dem Tier- und Pflanzenreich und den aus dem Mineralreich stammenden Oelen unterscheiden. Die dem Tier- und Pflanzenreich entstammenden Oele werden allgemein fette Oele genannt, die aus dem Mineralreich stammenden heißen Mineralöle. Bei den fetten Oelen ist ferner zwischen trocknenden und nicht trocknenden Oelen zu unterscheiden. Trocknende Oele sind solche, welche an der Luft verhältnismäßig rasch aus dem flüssigen in den festen Zustand übergehen. Der Ausdruck „trocknen" für den hierbei auftretenden Vorgang ist unpassend, insofern, als es sich hierbei keineswegs um die Entfernung einer Flüssigkeit durch Verdunsten handelt. Im Gegenteil, ein trocknendes Oel erfährt beim Festwerden nicht nur keinen Verlust, sondern eine Zunahme am Gewicht. Wiegt man beispielsweise eine mit Leinöl angestrichene Kartonplatte unmittelbar nach dem Aufstreichen und später nach dem

Trocknen des Oeles, so wird man finden, daß die Platte nach dem Trocknen des Oeles schwerer geworden ist. Es ist also zu dem Leinöl noch ein weiterer Körper hinzugetreten. Dieser Körper ist der Sauerstoff der atmosphärischen Luft. Das Trocknen des Oeles besteht in einer Verbindung des Oeles mit Sauerstoff und kennzeichnet sich äußerlich dadurch, daß die Flüssigkeit zähe, steif und schließlich hart und fest wird. Den der Erscheinung zu Grunde liegenden chemischen Vorgang nennt man Verharzen. Es liegt auf der Hand, daß die trockenen Oele als Schmiermittel keine Verwendung finden dürfen. Zu den rasch trocknenden Oelen gehören Leinöl, Hanföl, Mohnöl, Nußöl u. a.

Das Trocknen oder Verharzen tritt indessen nicht nur bei den vorgenannten, sondern bei allen fetten Oelen ein, nur dauert es bei den übrigen unverhältnismäßig länger, bis die Verharzung so weit vorgeschritten ist, daß die Schmierfähigkeit des Oeles beeinträchtigt wird.

Sämtliche fetten Oele sind ihrer chemischen Zusammensetzung nach Verbindungen gewisser Säuren mit Glycerin. Die Säuren bezeichnet man mit dem gemeinschaftlichen Namen Fettsäuren. Es ist nicht nötig, sie einzeln zu unterscheiden, da sie in ihrer chemischen Zusammensetzung und in ihrem Verhalten anderen Körpern gegenüber nahezu übereinstimmen. Wie alle Säuren vermögen auch die Fettsäuren sich mit Metallen zu verbinden. Die daraus entstehenden neuen Körper nennt man Seifen. Es wird daraus erklärlich, weshalb man die fetten Oele auch verseifbare Oele nennt. Die Verseifbarkeit der fetten Oele ist nun eine Eigenschaft, welche unter Umständen Bedenken hervorrufen muß, wenn es sich darum handelt, diese Oele als Schmiermittel für

Metalle zu benutzen. Die Fähigkeit der Fettsäuren, sich mit Metallen zu verbinden, setzt diese Säuren auch in den Stand, Metalle anzugreifen. Ein neutrales Oel, d. h. ein solches, in welchem die Fettsäuren noch an Glycerin gebunden sind, vermag allerdings nicht einzuwirken. Sobald aber aus irgend einem Grunde eine Spaltung des Oeles in Glycerin und Fettsäure stattgefunden hat, tritt auch die erwähnte chemische Wirkung der Fettsäuren zu Tage. Diese Spaltung tritt sehr schnell ein, wenn das neutrale Oel mit gespannten Wasserdämpfen in Berührung kommt. Es erklärt sich daraus, weshalb man ein fettes Oel nicht als Schmiermittel für den Dampfzylinder gebrauchen darf. Eine Zersetzung der fetten Oele tritt ferner dann ein, wenn dieselben in Berührung mit Metallen stehen, und wenn gleichzeitig der Sauerstoff der Luft auf sie einwirken kann. Man sieht sehr häufig, daß sich an Lagern aus Messing oder Bronze äußerlich eine zähe, schmierige Masse von grüner Färbung gebildet hat. Diese ist entstanden, indem das als Schmiermittel gebrauchte fette Oel seitlich aus dem Lager heruntergelaufen ist, sich dort zersetzt und infolge des Freiwerdens der Fettsäuren das Metall angegriffen hat. Die grüne Färbung stammt von der dabei gebildeten Kupferseife. Wenngleich dieser Umstand die Verwendung eines fetten Oeles als Schmiermittel nicht geradezu verbietet, so wird er doch Veranlassung sein, von derselben abzusehen, wenn ein Schmiermittel zu Gebote steht, welches diese Eigenschaft nicht besitzt. Solche haben wir aber in den weiterhin zu besprechenden Mineralölen. Auch die Schmierseife zersetzt sich in Berührung mit Metallen leicht, und die freiwerdenden Fettsäuren greifen dabei das Metall an. Schon aus diesem Grunde ist die Seife kein geeignetes Schmiermittel. Es kommt dazu noch, daß sie verhältnismäßig sehr teuer ist.

Die besten Schmiermittel sind die dem Mineralreich entstammenden Oele, welche nach ihrer Herkunft die gemeinsame Bezeichnung Mineralöle führen. Ihrer chemischen Zusammensetzung nach sind dieselben Verbindungen der Grundstoffe Kohlenstoff und Wasserstoff. Sie sind im reinen Zustande chemisch durchaus unwirksam und dementsprechend auch nicht imstande, Metalle irgendwie anzugreifen. Da sie andererseits, was eigentliche Schmierfähigkeit anbetrifft, den fetten Oelen nicht wesentlich nachstehen, überdies auch erheblich billiger sind als diese, so folgt daraus, daß man ihnen nicht nur den Vorzug geben, sondern sie ausschließlich als Schmiermittel verwenden wird.

Die Mineralöle werden aus dem Rohpetroleum gewonnen. Außerdem benutzt man die bei der Destillation von Teer gewonnenen Teeröle, sowie die durch Destillation von Harz erhaltenen Harzöle als Zusatz zu Schmierölen sowie zur Bereitung von sonstigen Schmiermitteln. Bei der Bereitung insbesondere der Mineralöle aus dem Rohpetroleum sind verschiedene Bearbeitungen nötig, um die Oele zu reinigen. Zu diesen Reinigungsarbeiten gehört auch ein Behandeln mit Schwefelsäure. Wird nun ein solches Oel nachher nicht sorgfältig von der Schwefelsäure befreit, so wird die rückständige Säure die metallischen Schmierflächen heftig angreifen. Es ist deshalb sorgfältig darauf zu achten, daß das als Schmieröl verwandte Mineralöl säurefrei ist. Es ist nicht schwer, es inbezug darauf zu prüfen. Man hat nur nötig, eine Probe desselben in einer Flasche mit reinem Regenwasser oder noch besser mit destilliertem Wasser zu schütteln. Läßt man darauf die Flasche einige Zeit ruhig stehen, so scheidet sich das Wasser von dem Oel ab. Durch Verunreinigungen, welche das Wasser aus dem Oel aufgenommen hat, wird ersteres meistens etwas getrübt sein. Um es zu klären, läßt man es durch einen Papierfilter laufen. Fügt man nun zu dem Wasser ein wenig blaue Lackmuslösung oder bringt man ein durch Lackmuslösung blaugefärbtes Papier in die Flüssigkeit, so färbt sich das Wasser bezw. das Papier rot, wenn das Oel säurehaltig war. Um fette Oele von Mineralölen zu unterscheiden, gibt es ein einfaches Mittel. Man löst zu dem Zwecke in einer Flasche etwas Soda in Wasser auf oder bringt in dieselbe ein Gemisch aus Wasser und etwas Seifensiederlauge. Fügt man alsdann zu der Flüssigkeit eine Probe des zu untersuchenden Oeles und schüttelt kräftig um, so wird das Oel sich mit der Lauge zu einer weißen Seifenmasse verbinden, falls dasselbe ein fettes Oel war. Im anderen Falle trennen sich die Flüssigkeiten bald wieder, wenn man sie ruhig stehen läßt, und es schwimmt das Oel auf dem Wasser. Es ist dem Maschinenwärter anzuraten, durch diese einfache Probe festzustellen, ob das ihm übergebene Schmieröl wirklich Mineralöl ist. Ist ein Schmiermittel bei gewöhnlicher Temperatur nicht flüssig, sondern fest, so geschieht die Prüfung in derselben Weise. Man hat dann nur nötig, durch Erwärmen dasselbe flüssig zu machen und, um es während des Versuches flüssig zu erhalten, nimmt man eine heiße Lösung von Soda oder Seifensiederlauge. Ein Mineralöl, welches bei gewöhnlicher Temperatur halbfest oder weich ist, wird Vaselin genannt. Die chemischen Eigenschaften desselben sind dieselben, wie die der flüssigen Mineralöle.

Wenngleich die Mineralöle in ihrem chemischen Verhalten vollkommen übereinstimmend sind, so unterscheiden sie sich doch in ihren äußeren Eigenschaften. Man nennt Mineralöl alles, was aus dem Rohpetroleum durch Destillation bei einer Temperatur zwischen 250° und 400° erhalten wird. Man könnte demzufolge eine unbegrenzte Reihe von Oelen darstellen, die sich nur durch die Verschiedenheit ihres Siedepunktes unterscheiden. Mit dem steigenden Siedepunkt nimmt aber die Dünnflüssigkeit, d. h. die leichte Bewegbarkeit der Teilchen ab. Die am niedrigsten siedenden Oele sind leichtbewegliche Flüssigkeiten, welche sich unmittelbar an das Brennpetroleum anschließen. Mit steigendem Siedepunkt werden die Oele immer dickflüssiger, und bei einem Siedepunkt von 350° ist das Oel bei gewöhnlicher Temperatur nicht mehr flüssig, sondern halbfest. Bei noch höherem Siedepunkt erhält man ein Oel, welches in der Kälte hart und fest ist. Dasselbe heißt Paraffin und kommt als Schmiermittel nicht mehr in Betracht. Welches Oel nun im einzelnen Falle das geeignetste ist, darüber lassen sich keine allgemeinen Regeln aufstellen. Das Oel muß so dnünflüssig sein, daß es durch die Schmierlöcher und Kanäle zu den reibenden Flächen gelangen kann. Auf der anderen Seite aber soll es nicht so leicht fließen, daß durch Auslaufen oder Abtropfen des Oeles ein unnötiger Verlust entsteht. Wenngleich es zu den wichtigsten Obliegenheiten des Maschinenwärters gehört, die Maschine, wie man sich ausdrückt, stets gut in Oel zu halten, so darf doch nicht verhehlt werden, daß nur zu häufig mehr Oel durch Abtropfen verloren geht, als durch Schmieren verbraucht wird. Je dickflüssiger das Schmieröl ist, um so weniger geht durch Abtropfen verloren. Allerdings muß auf der anderen Seite dafür gesorgt werden, daß das dickflüssige Oel die zu schmierenden Teile erreichen kann. Die Schmierkanäle müssen deshalb sorgfältig rein gehalten werden, und der in ihnen sich sammelnde Staub und Schmutz ist regelmäßig, nicht erst nach längeren Zwischenräumen zu entfernen.

Das Schmieröl muß allgemein um so zähflüssiger, also dickflüssiger sein, je stärker der Druck ist, mit welchem die reibenden Flächen gegen einander arbeiten. Je größer dieser Druck ist, um so mehr wird das Oel seitwärts herausgedrängt. Diesem Herausdrängen wirkt nur die Zähflüssigkeit des Oeles entgegen. Schmiert man deshalb schwerbelastete Lager und Wellen mit leichtem Spindelöl, so entsteht ein unverhältnismäßig großer Verlust an Tropföl, und trotz des reichlichen Verbrauches an Oel ist die Schmierung des Lagers doch keine genügende, so daß ein Warmlaufen nicht verhütet wird.

Zu beachten ist ferner, daß alle dickflüssigen Oele beim Erwärmen dünnflüssig werden. Aus diesem Grunde sind die schon in der Kälte dünnflüssigen Oele zum Schmieren der Dampfzylinder ungeeignet. Infolge ihres verhältnismäßig niedrigen Siedepunktes werden dieselben von dem Dampf mitgerissen. Da durch die hohe Temperatur des Dampfzylinders auch die auf demselben stehenden Schmierbehälter erwärmt werden, so ist nur ein möglichst dickflüssiges Oel, welches auch bei höherer Temperatur eine größere Zähflüssigkeit beibehält, zum Schmieren des Zylinders verwendbar.

Ein gutes Schmieröl soll vollkommen klar sein oder wenigstens bei mäßigem Erwärmen eine klare Flüssigkeit bilden. Es darf also keine festen Bestandteile, die beim Erwärmen nicht flüssig werden, vor allem keine teerhaltigen Rückstände aus der Oelbereitung enthalten. Schüttelt man eine Probe des Oeles in einer Flasche mit reinem Wasser, so darf das Wasser, nachdem sich die beiden Flüssigkeiten wieder vollständig getrennt haben, nur unerheblich getrübt sein. Je klarer das Wasser bleibt, um so besser ist das Oel. Von Säure darf keine Spur vorhanden sein. Zeigt das Oel beim Schütteln mit reinem Wasser eine schäumende Emulsion, so beweist dies, daß ihm zur Erhöhung der Dickflüssigkeit Seife zugesetzt worden ist. Ein solcher Zusatz ist eine Verfälschung. Um aus dünnflüssigen Oelen dickflüssige zu machen, setzt man ihnen auch Harz zu. Auch solche Zusätze sind zu verwerfen. Man prüft das Schmieröl auf Harzgehalt, indem man eine Probe desselben anhaltend mit 70% Alkohol schüttelt. Der Alkohol löst das Harz, nicht aber das Oel. Gießt man nach dem Absetzen des Flüssigkeitsgemisches den Alkohol ab und läßt verdunsten, so bleibt das Harz zurück.

Die sehr dunklen, dickflüssigen Schmieröle enthalten häufig Asphaltteilchen. Man prüft darauf, indem man eine Probe Oel in Petroleumbenzin bringt. Das Oel löst sich rasch und vollständig, die beigemengten Asphaltteilchen bleiben als unlöslich zurück. Die harten, spröden Asphaltteilchen beeinträchtigen natürlich die Schmierfähigkeit des Oeles.

Die für gewöhnliche Verhältnisse zum Schmieren von Lagern und Wellen benutzten Oele werden bei höherer Temperatur so dünnflüssig, daß sie den größten Teil ihrer Schmierfähigkeit einbüßen, auch mit Leichtigkeit durch den Druck der reibenden Flächen seitwärts herausgepreßt werden. Deshalb taugen solche Oele nicht zum

Schmieren von Dampfzylindern, Schieberflächen, Stopfbüchsen usw., überhaupt nicht zum Schmieren reibender Flächen, welche während des regelmäßigen Betriebes heiß sind. Allein auch heißgelaufene Lager kann man nicht durch Schmieren mit einem Oel, welches nur in der Kälte die für das Lager erforderliche Zähflüssigkeit besitzt, wieder kühl machen. In dem heißgelaufenen Lager wird das zugesetzte Oel sofort so dünnflüssig, daß es die übermäßige Reibung nicht aufheben und demnach auch die Wärmeerzeugung nicht hindern kann. Daran liegt es, daß ein heißgelaufenes Lager auch bei reichlichster Schmierung mit gewöhnlichem Schmieröl sich nicht abkühlt. Man muß in einem solchen Falle ein zähflüssiges Zylinderöl etwas anwärmen, so daß es hinreichend flüssig wird, und mit diesem das heißgewordene Lager schmieren.

Da ein Abtropfen des Schmieröles aus den Lagern sich selten vollständig vermeiden läßt, so ist es notwendig, das abtropfende Oel aufzufangen und weiterhin zum Schmieren zu verwenden. Sehr häufig ist aber solches Tropföl mit Staub, Schmutz, sowie mit feingeriebenem Metall, welches in den Lagerschalen abgescheuert wurde, verunreinigt. Solches Oel muß vor der weiteren Verwendung gereinigt werden. Es ist dabei zu beachten, daß die fremden Bestandteile, aus welchen die Verunreinigungen bestehen, meistens schwerer sind, als das Oel, jedoch aus dem Grunde gar nicht oder nur sehr langsam zu Boden sinken, weil das Oel zu dickflüssig ist. Da nun jedes Oel dünnflüssig wird, wenn man es erhitzt, so empfiehlt es sich, den Behälter, welcher zur Aufnahme des Tropföles dient, so aufzustellen, daß sein Inhalt heiß wird. Steht er dabei längere Zeit ruhig, so setzt sich der größte Teil des Schmutzes zu Boden, und vielfach ist das darüber stehende Oel so klar, daß es ohne weiteres wieder als Schmieröl verwendbar ist. Klärt es sich indessen nicht hinreichend, so bleibt nichts übrig, als das Oel durch Filtrieren zu reinigen. Am geeignetsten hierzu ist ein zylindrisches Blechgefäß in der Art, wie Fig. 1 es darstellt. Dasselbe trägt unten einen siebartig durchlöcherten Boden. Auf diesen werden abwechselnd Lager von reingewaschenem und getrocknetem groben Sand K und von grobgepulverter Holzkohle H aufgeschichtet. Das in den Behälter gegossene Tropföl setzt beim Durchlaufen der Sand- und Holzkohlenschichten seine Unreinigkeiten ab und läuft unten klar aus, wo es in einem darunter gestellten Gefäß aufgefangen wird. Das Gefäß soll ständig im Kesselhause an einer Stelle Platz finden, wo es tunlichst erwärmt wird, weil durch die Wärme das Oel dünnflüssiger und dadurch das Filtrieren erleichtert wird.

Mineralische Tropföle werden sich auf die angegebene Art immer reinigen lassen. Dient dagegen ein fettes Oel als Schmieröl, so wird die Reinigung des abfallenden Tropföles schwierig, in vielen Fällen sogar unmöglich sein, weil die von den reibenden Flächen abgescheuerten Metallteilchen nicht mehr in dem Oel mechanisch schweben, sondern eine Verbindung mit der Fettsäure desselben eingegangen sind. Der dem Oel beigemengte Schmutz ist alsdann eine unlösliche Seife, welche sich weder absetzt noch durch Filtrieren aus dem Oel bringen läßt.

Nicht selten beobachtet man, daß sich rings um die Schmierstellen sowie da, wo das Oel aus den geschmierten Lagern herausgeflossen ist, eine Kruste von verdicktem, steifgewordenem Oel bildet. Dies ist namentlich dann der Fall, wenn fettes Oel zum Schmieren benutzt wird, indem solches Oel an der Luft verharzt. Auch kann sich eine Oelkruste dadurch bilden, daß das Oel sich mit Staub und Schmutz mengt und dadurch eine steife Masse bildet. In jedem Fall beseitigt man solche Oelreste am einfachsten dadurch, daß man reines, am besten heißes Mineralöl auf dieselben bringt und sie dadurch aufweicht. Sie lassen sich alsdann leicht mit Putzwolle abwischen. Auch ist zweckmäßig, einen Putzlappen mit Mineralöl zu tränken und mit diesem über die Stellen zu reiben, an welchen das verdickte Oel sitzt. Sind die Krusten sehr dick, so beseitigt man sie zuerst soweit als möglich durch Abschaben und den Rückstand in der vorgeschriebenen Weise.

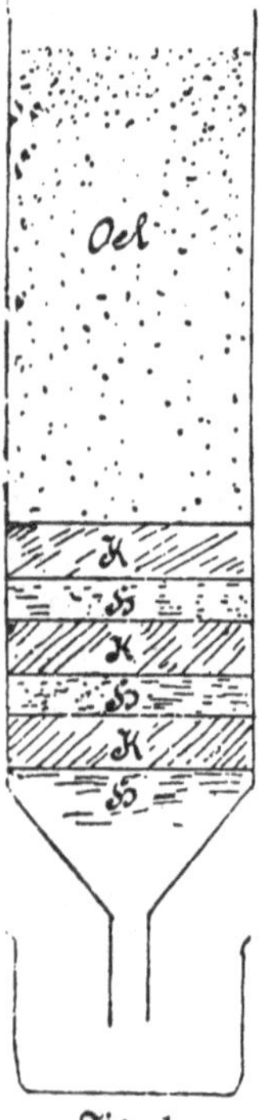

Fig. 1.

In manchen Fällen ist es wünschenswert, Putzwolle, welche durch längere Benutzung unbrauchbar geworden ist, zu reinigen und wieder verwendbar zu machen. Bestand das verwandte Schmieröl nur aus fettem Oel, so ist die Reinigung einfach und billig. Man hat nur nötig, die Putzwolle in warmer Sodalösung zu waschen, um alles Fett aus ihr herauszubringen. Wurde dagegen mit Mineralöl geschmiert, so ist diese Art der Reinigung nicht anwendbar, weil ein mineralisches Oel sich nicht verseift. In diesem Falle bleibt nichts übrig, als die Putzwolle in Petroleumäther zu waschen. Man hat dazu ein Gefäß aus Weißblech oder Zinkblech nötig, welches nach Angabe von Fig. 2 eingerichtet ist. Dasselbe ist zylindrisch, oben durch einen Deckel verschließbar und mündet unten in ein enges Rohr, welches durch einen Hahn verschlossen werden kann. Oberhalb der Verengerung befindet sich in dem Gefäß ein durchlöcherter Boden. In das Gefäß wird nun soviel schmutzige Putzwolle gebracht, als dasselbe zu fassen vermag. Darauf gießt man, nachdem der Hahn geschlossen wurde, soviel Petroleumäther in das Gefäß, daß die Flüssigkeit etwa 1 cm hoch über der Wolle steht, setzt darauf den Deckel auf und läßt das Gefäß einige Stunden stehen. Der Petroleumäther saugt das Oel aus der Wolle aus. Wird nachher der Hahn geöffnet und gleichzeitig der obere Deckel abgenommen, so läuft der Petroleumäther mit dem gelösten Oel ab und wird in einer darunter gehaltenen Kanne aufgefangen. Soweit als möglich, bringt man den letzten Rest des Aethers aus der Wolle, indem man mit der Hand auf die in dem Gefäß befindliche Wolle drückt. Ein und dieselbe Menge Petroleumäther kann wiederholt zum Auswaschen benutzt werden. Bei dem ganzen Verfahren ist zu beachten, daß der Petroleumäther einen sehr niedrigen Siedepunkt hat, und daß seine Dämpfe außerordentlich leicht brennbar sind. Das Reinigen der Putz-

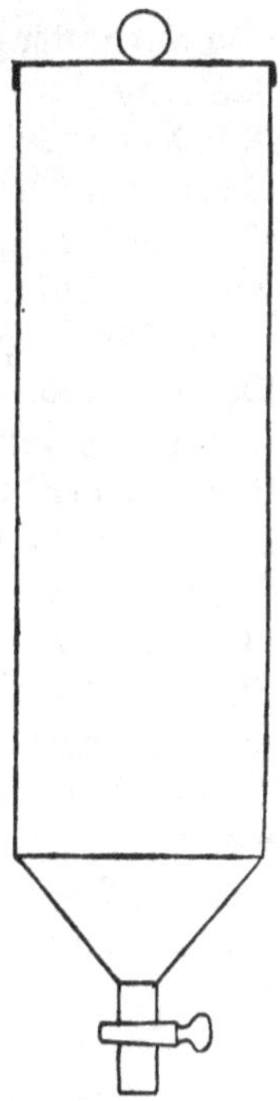

Fig. 2.

wolle darf deshalb niemals in der Nähe des Feuers, überhaupt nicht im Kesselhause vorgenommen werden, muß vielmehr im Freien stattfinden. Ferner ist zu beachten, daß der Petroleumäther teuer ist, das Verfahren also nur unter der Voraussetzung angeraten werden kann, daß von dem Petroleumäther nichts verschüttet wird, und daß er nach Möglichkeit ausgenutzt wird. Mit 1 l Petroleumäther kann man übrigens mit Leichtigkeit 2 l Oel aus der gebrauchten Putzwolle herauslaugen, ohne daß die Lösung anfängt, merklich an Dünnflüssigkeit einzubüßen. Hat der gebrauchte Petroleumäther soviel Oel aufgenommen, daß die Wolle in ihm nicht mehr hinreichend rein wird, so stellt man ihn in einem möglichst flachen Gefäß unbedeckt ins Freie. Der Petroleumäther verdunstet hierbei, und das aufgenommene Oel bleibt zurück. Dasselbe kann neuerdings als Schmieröl verwandt werden, soweit es klar und rein ist. Nötigenfalls reinigt man es durch Filtrieren. Es kann auf die vorbeschriebene Art, namentlich bei größeren Maschinenanlagen, sehr viel an Schmieröl und Putzwolle gespart werden. Bemerkt sei noch, daß das Reinigen der Putzwolle mit Petroleumäther auch verwendbar ist, wenn mit fettem Oel geschmiert wurde.

Die Teile der Dampfmaschine.

§ 9. **Die Dampfrohrleitung.** Als Dampfrohrleitung bezeichnen wir das Verbindungsrohr zwischen Dampfkessel und Dampfmaschine. Dasselbe hat die Aufgabe, den gespannten Dampf von der Erzeugungsstelle, dem Dampfkessel, zu der Verbrauchsstelle, dem Dampfzylinder, zu bringen. Die Länge dieses Rohres richtet sich nach den örtlichen Verhältnissen, die Weite nach der Größe der Maschine, also nach der Menge des in einer bestimmten Zeiteinheit verbrauchten Dampfes. Gewöhnlich sind die einzelnen Teile des Dampfleitungsrohres aus Flußeisen hergestellt, nur da, wo die Ausdehnung der oft langen Rohrleitung es erheischt, werden sogenannte Kompensationsrohre aus Kupfer oder Schmiedeeisen oder auch Stopfbüchsen eingeschaltet. Es hat diese Einrichtung den Zweck, einen Bruch des langen Dampfrohres infolge der Ausdehnung des Metalls durch die Wärme zu verhüten. Sind zwei Rohrstücke an einer Stelle nach Art einer Stopfbüchse mit einander verbunden, so kann jederzeit eine Verlängerung oder Verkürzung der Rohrleitung eintreten. Die Kompensationsrohre haben in der Regel eine Ω-förmige Gestalt und sind deshalb imstande, den genügenden Spielraum bei einer Verlängerung oder Verkürzung der Rohrleitung zu gewähren. Das Haupterfordernis einer Dampfrohrleitung ist, daß dieselbe sowohl dampfdicht als auch wärmedicht ist. Für beides hat der Maschinenwärter zu sorgen. Undichtigkeiten der Rohrleitung können nur an den Verbindungsstellen der Rohrstücke vorkommen. Es ist deshalb für eine sorgfältige Abdichtung zu sorgen. Ist der durch die Rohrleitung strömende Dampf überhitzt, so sind die für gewöhnlichen Dampf üblichen Dichtungsmaterialien, Gummiringe und Hanfringe mit Mennige, nicht verwendbar, da dieselben von dem trockenen, heißen Dampf zerstört werden. Es sind in diesem Falle Asbestringe und Kupferringe ein geeignetes Dichtungsmaterial.

Wärmedicht wird die Rohrleitung durch Umhüllung mit einer guten Wärmeschutzmasse. Wenngleich es kaum möglich ist, durch eine solche Schutzmasse jeden Wärmeverlust zu verhüten, so kann derselbe doch soweit herabgemindert werden, daß er nicht mehr ins Gewicht fällt. Wesentlich ist ferner, daß sie vom höchsten Punkt des Dampfraumes im Kessel, also beispielsweise des Dampfdomes ausgeht. Zur Verhütung der Wasserschläge muß die Dampfrohrleitung an ihrem tiefsten Punkte mit einem Ablaßhahn versehen sein; dieser Hahn ist jedesmal vor dem Anlassen der Maschine zu öffnen. Um das Mitreißen von Wasser aus dem Kessel in die Rohrleitung und weiterhin in den Zylinder möglichst zu verhüten, ist es zweckmäßig, die Rohrleitung bis in den Dampfraum des Kessels hinein fortzusetzen. Es soll zu dem Zwecke ein sogenanntes Schlitzrohr den ganzen Dampfraum durchsetzen, d. h. ein Rohr, welches auf seiner oberen Seite mit länglichen Schlitzen versehen ist. Dieses Schlitzrohr steht mit dem Dampfdom in Verbindung.

Jede Dampfrohrleitung muß mit wenigstens zwei Absperrventilen versehen sein. Das eine ist unmittelbar hinter dem Kessel, das andere unmittelbar vor dem Zylinder anzubringen. Die Absperrventile sind so einzurichten, daß aus der Stellung eines Handrädchens, welches auf der Spindel des Ventiles befestigt ist, äußerlich die Stellung des Ventiles selbst jederzeit erkennbar ist. Die Stellung wird durch einen Zeiger angegeben. Bei größeren Rohrleitungen sind häufig, um das durch Kondensation von Dampf entstandene oder aus dem Kessel mitgerissene Wasser zu entfernen, an einer möglichst nahe an der Maschine gelegenen Stelle zylindrische Wassersammler aus Schmiedeeisen eingeschaltet. Ein solcher Wassersammler ist mit einer Scheidewand versehen, an welcher sich die Wasserteilchen niederschlagen sollen. An dem Wassersammler, und zwar am tiefsten Punkte desselben, ist ebenfalls ein Ablaßhahn anzubringen. Es sind eine Menge sogenannter Wasserabscheider in Vorschlag gebracht worden, doch ist selten ein wirklicher Nutzen einer solchen Vorrichtung wahrnehmbar. Das Wasser ist in der Regel in dem Dampf so fein verteilt, daß es nur durch Wärmezufuhr beseitigt werden kann. Dies ist jedoch meistens nur im Kessel möglich. Wirklich nasser Dampf ist nachträglich nur sehr schwierig zu trocknen. Es ist deshalb zweckmäßiger, den Betrieb so einzurichten, daß der erzeugte Dampf trocken ist und trocken bleibt. Dazu gehört ein genügend großer Dampfraum, eine richtige Anlage und eine gute Umhüllung der Dampfrohrleitung und ein der Größe des Kessels und dem in ihm enthaltenen Wasservorrat entsprechender Dampfverbrauch. Ist der Wasservorrat im Kessel genügend groß, so wird bei jeder Dampfentnahme eine entsprechend neue Dampfmenge nur an der Oberfläche des Wassers gebildet, so daß die ganze Wassermasse im Kessel in Ruhe bleibt. Ist aber der Kessel zu klein, so wird bei einer großen Dampfentnahme der Druck soweit verringert, daß die Dampfbildung durch die ganze Wassermasse hindurch stattfindet. In diesem Falle schäumt das Wasser, und der Dampf muß notwendig Wasser mitreißen.

Die nachträgliche Ueberhitzung des Dampfes kann ebenfalls nur bei richtiger Anordnung der Rohrleitung nützlich sein. Zu beachten ist, daß überhitzter Dampf nicht nur die Packungen angreift, sondern auch ohnehin schwieriger abzudichten ist, als gesättigter Dampf.

Der überhitzte Dampf hat neuerdings eine sehr große Verbreitung gefunden, und wird in der Regel in aus schmiedeeisernen Schlangenröhren, oder aus stahlartigen Gußröhren, welche innen und außen mit Rippen versehen sind, bestehenden Ueberhitzern, welche hinter den Dampfkesseln eingebaut sind, erzeugt. Die Temperatur des überhitzten Dampfes beträgt durchschnittlich 200 bis 350 Grad Celsius. Daß eine Rohrleitung für überhitzten Dampf von solcher Temperatur nur aus Stahl- oder schmiedeeisernen Röhren hergestellt sein kann, mit metallischer Dichtung, ist einleuchtend.

Der Dampf hat in jeder Rohrleitung auf dem Wege vom Kessel zur Maschine infolge der Reibung an den Rohrwänden einen gewissen Widerstand zu überwinden. Dieser Widerstand wird allgemein Leitungswiderstand genannt. Durch ihn sowie infolge der Geschwindigkeit des Dampfes in der Leitung entsteht ein Spannungsverlust, so daß der Dampfdruck im Zylinder immer etwas kleiner ist, als im Kessel. Die Abkühlung des Dampfes in der Leitung bewirkt überdies eine teilweise Verdichtung des Dampfes zu Wasser und dadurch einen Verlust an Dampf. Nur bei ganz kurzen Rohrleitungen sind diese Verluste so gering, daß man sie nicht zu berücksichtigen braucht. Bei längeren Leitungen kommt es in Frage, ob man den Spannungsverlust oder den Dampfverlust mehr berücksichtigen will. Je rascher der Dampf das Leitungsrohr durchströmt, um so weniger Zeit hat er, sich abzukühlen und zu verdichten. Andererseits aber wächst der Leitungswiderstand mit der Geschwindigkeit des Dampfes. Nach neueren Versuchen ist eine Geschwindigkeit von 12—15 m in der Sekunde am vorteilhaftesten für die Bewegung des Dampfes in der Rohr-

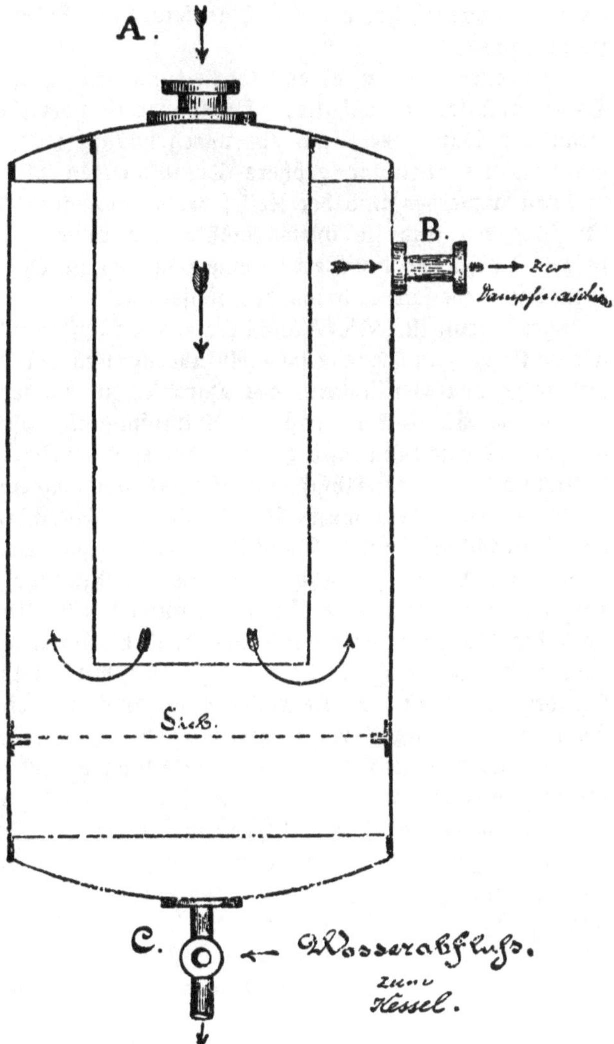

Fig. 3.

leitung. Hiernach hat der Maschinenbauer die Rohrweite zu berechnen.

Zuweilen ist in einer Rohrleitung ein größerer Dampfsammler eingeschaltet. Ein solcher ist vorteilhaft, wenn der Dampfverbrauch ein unregelmäßiger ist, zumal da, wo mitunter größere Dampfmengen plötzlich verbraucht werden und der Kessel verhältnismäßig klein ist. Dagegen sind sie unzweckmäßig und unvorteilhaft in den Fällen, wo der Betrieb eine regelmäßige Dampfentnahme erheischt und wo der Kessel für den Betrieb genügend groß ist. Die Nachteile eines Dampfsammlers liegen in der unvermeidlichen Abkühlung und der daraus folgenden Verdichtung des Dampfes zu Wasser in demselben. Es ist klar, daß der Dampfsammler ebenso wie die Rohrleitung mit einer Wärmeschutzmasse umhüllt und mit einem Ablaßhahn für das Kondensationswasser versehen sein muß. Die Abbildung Fig. 3 zeigt den Durchschnitt eines Dampfsammlers. Der Dampf strömt bei A ein und bewegt sich in der Richtung der beigesetzten Pfeile zu der Ausflußöffnung bei B. Unterhalb des Siebes sammelt sich das Kondensationswasser, welches durch den Hahn bei C abgelassen werden kann. In der Regel ist ein Dampfsammler auch mit einem besonderen Sicherheitsventil versehen.

Zu der Armatur der Dampfrohrleitung gehört auch die noch vielfach zur Regelung des Ganges der Dampfmaschine dienende Drosselklappe, welche in die Rohrleitung eingebaut ist. Der Zapfen derselben geht durch eine Stopfbüchse, so daß die Klappe von außen gedreht werden kann, ohne eine Undichtigkeit in der Rohrleitung zu veranlassen. Eine Stopfbüchse ist eine zylindrische Hülse, welche an den abzudichtenden Raum angegossen ist, und durch welche eine bewegliche Stange hindurchgeht. Der Raum zwischen Stange und Hülse wird mit Packmaterial angefüllt. Auf die Packung wird die sogenannte Brille, d. h. ein Ring, welcher der Stange genau anliegt, geschoben. Auf die Brille endlich folgt die Anzug- oder Spannschraube, welche in die zylindrische Hülse hineingeschraubt werden kann und dadurch die Brille fest auf die Packung und letztere dicht an die bewegliche Stange anpreßt. Die Bewegung der Drosselklappen erfolgt entweder durch den Regulator oder durch die Hand des Wärters. Häufig findet sich die Drosselklappe durch ein Ventil oder einen Schieber ersetzt. Die Drosselklappe muß in unmittelbarer Nähe des Dampfzylinders angebracht werden, so daß sie von dem Maschinenwärter leicht zu erreichen ist. Durch die Stellung der Klappe wird der Gang der Maschine geregelt, indem sie den lichten Querschnitt des Rohres umsomehr verengt, jemehr sie sich der Stellung senkrecht zu der Rohrachse nähert. Durch eine Drosselklappe wird indes dem durchströmenden Dampfe ein bedeutender Widerstand bereitet, so daß er mit einem erheblichen Druckverlust in den Zylinder eintritt. Aus diesem Grunde hat man in neuerer Zeit vielfach die Drosselklappe durch selbsttätige Regulierapparate, die unmittelbar vom Regulator abhängen, ersetzt. Ueber diese wird später zu reden sein.

In neuerer Zeit werden vielfach selbsttätige Dampfschmierapparate angewandt, welche Schmieröl in die Dampfrohrleitung hineindrücken. Hierhin ist besonders der Möllrupsche Apparat zu rechnen, eine einfache kleine Oelpumpe, welche bei jedem Hub der Maschine eine bestimmte Oelmenge in die Dampfleitung hineinpumpt.

§ 10. **Der Dampfzylinder.** Der Dampfzylinder ist derjenige Teil der Dampfmaschine, in welchem der Dampf seine Arbeitskraft auf den Kolben überträgt, in welchem also die Umsetzung der Wärme in mechanische Arbeit vorgenommen wird. Er hat seinen Namen von seiner Gestalt. Letztere ist ein Hohlzylinder aus Gußeisen mit kreisförmigem Querschnitt. Sehr häufig ist der Zylindermantel mit einem zweiten Zylinder umgeben, wobei zwischen beiden Zylinderwandungen ein Hohlraum bleibt. In diesen Hohlraum leitet man alsdann beim Betriebe gespannten Kesseldampf. Man bezweckt damit erstens, den inneren Zylinder vor Wärmeverlust durch Ausstrahlung zu schützen, und ferner den im inneren Zylinder arbeitenden Dampf zu heizen. Der Hohlraum wird ein Dampfmantel genannt. In jedem Falle, einerlei ob der Zylinder einfach oder mit einem Dampfmantel versehen ist, muß die äußere Zylinderwand zum Schutze gegen Wärmeverlust durch Ausstrahlung mit einem schlechten Wärmeleiter umhüllt werden. Man benutzt dazu entweder eine besondere aus Kieselerde mit einem Bindemittel bereitete Wärmeschutzmasse, Asbest oder Holzstäbe mit einer Wollfilzunterlage.

An den beiden Enden ist der Zylinder durch die sogenannten Zylinderdeckel verschlossen. Zweckmäßig sind auch diese mit einem Dampfmantel zu versehen. Nicht selten aber füllt man den Hohlraum mit den Zylinderdeckeln nur mit Luft, begnügt sich also damit, durch die geringe Wärmeleitungsfähigkeit derselben einen Wärmeschutz zu schaffen, so daß also das Heizen des Zylinders nur durch den Dampfmantel erfolgt, welcher den Zylinder in seiner Längsrichtung umgibt. Der vordere Zylinderdeckel ist in der Mitte durchbohrt, um die Kolbenstange durchführen zu können. Nicht selten durchdringt die Verlängerung der Kolbenstange auch den hinteren Zylinderdeckel. Die Abdichtung erfolgt in beiden Fällen durch Stopfbüchsen. Die Zylinderdeckel sind auf dem Zylinderkörper durch Schrauben befestigt. Die Dichtung erfolgt durch Asbest- oder Gummiringe.

Im Arbeitsraum des Zylinders sowohl wie im Dampfmantel wird stets etwas Dampf zu flüssigem Wasser kondensiert. Außerdem gelangt Wasser in den Zylinder, wenn der Dampf aus dem Kessel Wasser mitgerissen oder in der Dampfrohrleitung durch Kondensation Wasser gebildet hat. Sammelt sich dieses Wasser im Innern des Zylinders an, so kommt es bald dahin, daß es am Ende eines Hubes zwischen Kolben und Zylinderdeckel nicht mehr Raum genug hat. Es entstehen alsdann Stöße, die sogenannten Wasserschläge, welche den Zylinder zertrümmern können. Im Dampfmantel würde das durch Kondensation des Dampfes entstandene Wasser allmählich den ganzen Hohlraum anfüllen und infolgedessen dem Kesseldampf den Zutritt versperren. Es würde dadurch der Hauptzweck des Dampfmantels, das fortwährende Heizen des im Zylinder arbeitenden Dampfes, vereitelt werden. Es ist deshalb nötig, eine Vorrichtung anzubringen, um das Kondensationswasser zu entfernen. Zu dem Zwecke sind am tiefsten Punkte sowohl des Zylinders als auch des Dampfmantels Hähne angebracht, welche Ausblasehähne genannt werden. Oeffnet man diese Hähne, so wird das Wasser von dem nachströmenden Dampf herausgedrängt. Nicht selten bringt man zur Sicherung gegen Wasserschläge auch Ablaßhähne in den Zylinderdeckeln an, welche ventilartig eingerichtet sind und sich selbsttätig öffnen.

In dem Zylinder muß sich der Kolben dampfdicht bewegen. Ein wesentliches Erfordernis dazu ist, daß die innere Zylinderfläche vollkommen glatt gebohrt ist und daß keinerlei Gußblasen in ihr zutage treten.

Der Kolben führt in dem Zylinder eine hin- und hergehende Bewegung aus. Der Dampf muß demnach abwechselnd von der einen und von der anderen Seite auf den Kolben wirken. Es ist also nötig, an den beiden Enden des Zylinders Oeffnungen anzubringen, durch welche der Dampf ein- und ausströmen kann. Befinden sich diese Oeffnungen in der Seitenwandung des Zylinders, so wird man sie naturgemäß dicht an den Zylinderdeckeln anbringen. Der Kolben aber darf alsdann nicht bis unmittelbar an den Zylinderdeckel herantreten, weil er sonst die Einströmungsstelle verdecken und damit den Dampf, welcher ihn zurücktreiben soll, absperren würde. Es bleibt somit am Ende eines Hubes zwischen Kolben und Zylinderdeckel ein Zwischenraum, welcher toter Raum genannt wird. Da dieser Raum bei jeder Dampfeinströmung ohne Nutzen mit Dampf gefüllt wird, so muß man darauf bedacht sein, ihn so klein als möglich zu machen. Am Dampfzylinder muß ferner eine Vorrichtung angebracht sein, welche den aus dem Kessel kommenden Dampf zwingt, abwechselnd am einen und an dem andern Ende des Zylinders einzutreten, um den Kolben hin- und herzutreiben. Außerdem muß diese Vorrichtung dem verbrauchten Dampf einen Ausweg aus dem Zylinder verschaffen. Man nennt diese Vorrichtung das Dampfverteilungsorgan oder die Steuerung der Maschine. Die Dampfverteilung erfolgt entweder durch Schieber, durch Hähne oder durch Ventile, und hiernach unterscheidet man eine Schiebersteuerung, eine Hahnsteuerung oder eine Ventilsteuerung der Dampfmaschine.

Die Besprechung der verschiedenen Steuerungen wird in einem besonderen Kapitel erfolgen.

§ 11. **Dampfkolben, Kolben- und Pleuelstangen.** Der Dampfkolben wird nicht mit Unrecht das wichtigste Organ der Dampfmaschine genannt. Von seiner guten Ausführung hängt der richtige Gang und die verlustfreie Arbeit der Dampfmaschine wesentlich ab. Der Kolben muß vor allen Dingen dampfdicht sein, d. h. er soll sich so genau der Zylinderwand anpassen, daß der Dampf zwischen Zylinderwand und Kolbenumfang nicht durchdringen kann. Diese sorgfältige Abdichtung darf andererseits nicht durch ein übermäßiges Anpressen des Kolbenumfanges gegen die Zylinderwandung bewerkstelligt werden, weil alsdann eine zu große Reibung und eine starke Abnutzung des Kolbens und der Zylinderwand entsteht. Die Abdichtung erfolgt im allgemeinen durch sogenannte Kolbenringe, welche um den Kolbenkörper gelegt und durch Federkraft gegen die Zylinderwand gedrückt werden. Die Federkraft wohnt entweder dem Kolbenringe selbst inne oder wird durch besondere Federn, welche hinter die Ringe gelegt werden, hervorgebracht. Erstere nennt man selbstdichtende Kolben. Kolbenring und Kolbenkörper bestehen meistens aus Gußeisen, die Federn immer aus Stahl. Im allgemeinen nimmt man zu den Kolbenringen etwas weicheres Material als zu dem Zylinder, damit die Zylinderwände weniger durch die Reibung zu leiden haben. Es ist leichter, Kolbenringe zu ersetzen, als den Zylinder neu auszubohren. Der Kolbenkörper ist in der Regel an einer Seite durch einen Kolbendeckel verschlossen. Die Befestigung desselben erfolgt durch Schrauben. Hierbei ist ganz besondere Vorsicht geboten, damit die Schrauben sich während des Ganges nicht lockern, weil dadurch leicht ein Maschinenbruch entstehen kann. Wie der Maschinenwärter überhaupt auf jede Lockerung an der Maschine sorgsam zu achten hat, so muß er sein besonderes Augenmerk auf den Gang des Kolbens im Zylinder richten, und auf alles achten, was auf eine Lockerung an demselben deutet.

An dem Kolben ist die Kolbenstange befestigt. Gewöhnlich geschieht die Befestigung in der Art, daß der Kolben in der Mitte konisch durchbohrt ist und daß die in diese Bohrung genau passende Kolbenstange durch einen Keil oder durch eine Schraubenmutter angezogen wird. Häufig enthält die Kolbenstange eine Fortsetzung, welche den hinteren Zylinderdeckel durchdringt. In diesem Falle wird der Kolben von der Kolbenstange getragen, was bei liegenden Maschinen von erheblichem Vorteil ist. Es wird dadurch verhütet, daß der Kolben infolge seines Gewichtes auf die untere Hälfte der Zylinderwand stärker drückt als auf die obere, und infolge der dadurch verursachten stärkeren Reibung den Zylinder oval ausschleift. Die Kolbenstange bewegt sich vor dem Zylinder in einer Geradführung. An ihrem Ende mündet sie in den Kreuzkopf, welcher zur Aufnahme der Pleuel- oder Lenkstange bestimmt ist. Letztere greift mit ihrem anderen Ende in den Kurbel- oder Krummzapfen und bewirkt eine Umsetzung der gradlinigen Bewegung des Kolbens und der Kolbenstange in eine drehende Bewegung der Hauptwelle, an welcher der Kurbel- oder Krummzapfen befestigt ist.

§ 12. Schwungrad und Regulator. Das Schwungrad und der Regulator sind diejenigen Organe, welche den gleichmäßigen Gang der Dampfmaschine herbeiführen und erhalten sollen. Die Ungleichmäßigkeit des Ganges einer Dampfmaschine wird zunächst dadurch verursacht, daß die Kraft oder Arbeit, welche während einer Umdrehung auf die Kurbelwelle übertragen wird, nicht in allen Stellungen der Kurbel, also auch nicht in jedem Zeitpunkte dieselbe ist. In zwei Stellungen des Kurbelzapfens wird der vom Kolben ausgeübte Druck einfach von den Lagern der Kurbelwelle aufgenommen, so daß der Druck zu der Umdrehung der Welle nichts beitragen kann. Es geschieht dies jedesmal, wenn die Pleuelstange mit der Kolbenstange und dem Kurbelzapfen eine gerade Linie bildet, also wenn der Kolben am Ende eines Hubes angelangt ist. Man bezeichnet diese beiden Stellungen als die toten Punkte der Maschine. Sobald der Kurbelzapfen über einen toten Punkt hinaus gelangt ist, beginnt die Einwirkung der treibenden Kraft des Kolbens auf die Umdrehung der Kurbelwelle. Während der ersten Hälfte eines Hubes nimmt diese Einwirkung stetig zu, während der zweiten Hälfte stetig ab. Ohne eine weitere Vorkehrung würde somit die Maschine nach jedem Hub zum Stillstand kommen und während eines Hubes sich anfangs mit beschleunigter, später mit verzögerter Geschwindigkeit bewegen. Hierzu kommt bei Expansionsmaschinen noch der während eines Hubes wechselnde Dampfdruck auf den Kolben. Eine weitere Ursache, welche Ungleichmäßigkeit im Gange der Maschine zur Folge haben würde, ist die wechselnde Belastung der Dampfmaschine. In sehr vielen Fällen hat die Dampfmaschine eine Anzahl Arbeitsmaschinen zu treiben. Diese Arbeitsmaschinen sind nicht in jedem Augenblick in gleichem Grade in Anspruch genommen, erfordern also auch nicht in jedem Augenblick dieselbe treibende Kraft. Zuweilen werden eine Anzahl von Arbeitsmaschinen eine Zeitlang ausgerückt, um darauf wieder in Betrieb gesetzt zu werden. Bei einer derartigen wechselnden Belastung soll die Dampfmaschine dennoch ihren gleichmäßigen Gang, d. h. die bestimmte minutliche Tourenzahl beibehalten. Dieser Zweck wird erreicht durch das Schwungrad und durch den Regulator.

Das Schwungrad soll diejenigen Geschwindigkeitsänderungen aufheben, welche sich aus der Konstruktion und der Arbeitsweise der Maschine selbst ergeben, also diejenigen, welche durch die veränderliche Einwirkung der Kolbenbewegung auf die Hauptwelle und durch den infolge der Expansion veränderten Dampfdruck im Zylinder hervorgerufen werden. Das auf der Kurbelwelle sitzende Schwungrad ist imstande, eine gewisse Arbeit in sich aufzuspeichern. Die Menge dieser aufgespeicherten Arbeit hängt ab von dem Gewicht und von der Geschwindigkeit der bewegten Teile. Beim Schwungrad kommen also hauptsächlich in Betracht der Durchmesser des Rades, die Schwere des Radkreuzes und die Zahl der Umdrehungen in einer Minute. Je größer die Geschwindigkeit des Rades ist, um so kleiner darf es sein. Bei einer in Gang befindlichen Maschine ist während der ersten Hälfte eines Hubes die von dem Kolben auf die Kurbelwelle übertragene Arbeit stetig wachsend. Sie wird bald so groß, daß sie den von der Maschine zu überwindenden

Widerstand übertrifft. Dieser Ueberschuß wird in dem Schwungrad aufgespeichert. Auf der zweiten Hälfte des Hubes nimmt die vom Kolben auf die Kurbelwelle übertragene Arbeit in demselben Maße ab, und sie reicht nach einiger Zeit nicht hin, um die Widerstände der Maschine zu überwinden. Hier tritt nun die inzwischen im Schwungrade aufgespeicherte Arbeit ausgleichend ein. Der im Schwungrade aufgespeicherte Arbeitsvorrat dient ferner dazu, die Bewegung der Maschine fortzusetzen, wenn die Einwirkung der Kolbenbewegung auf die Umdrehung der Kurbelstange gleich Null ist, also wenn die Maschine im toten Punkte steht. Ist die Masse und die Geschwindigkeit eines Schwungrades im Verhältnis zu der Maschine hinreichend groß, so ist die Beschleunigung, welche das Rad während der ersten Hälfte des Hubes annimmt, ebenso wie die Verzögerung, welche es auf der zweiten Hälfte des Hubes erfährt, nur unmerklich, so daß die Maschine sich mit gleichförmiger Geschwindigkeit bewegt.

Die Ungleichmäßigkeit, welche durch einen Wechsel in der Belastung der Dampfmaschine entsteht, kann das Schwungrad nur für eine kurze Zeit ausgleichen. Wird beispielsweise der Widerstand, welchen die Maschine zu überwinden hat, plötzlich verringert, so verbleibt bei jedem Hube der Maschine ein Arbeitsüberschuß, welcher nicht, wie vorhin, im nächsten Augenblick wieder verbraucht wird. Die Folge davon wird sein, daß das Schwungrad allmählich seine Geschwindigkeit vergrößert. Sind umgekehrt die Widerstände, welche die Dampfmaschine zu überwinden hat, eine Zeitlang größer, als die von der Maschine auf die Kurbelwelle übertragene Arbeit, so muß das Schwungrad bei jedem Hube einen

Teil der in ihm aufgespeicherten Arbeit verbrauchen, und infolgedessen seine Geschwindigkeit allmählich verringern. Für diejenigen Fälle nun, in welchen die äußeren, d. h. die von den angehängten Arbeitsmaschinen verursachten Widerstände sich ändern, muß eine Vorrichtung getroffen sein, um die von dem Dampf auf den Kolben übertragene Arbeit nach Bedürfnis zu verringern. Eine solche Vorrichtung wird ein Regulator genannt. Der wesentliche Teil desselben besteht aus zwei schweren Metallkugeln, welche an Hebeln befestigt sind und sich um eine gemeinsame Achse drehen. Bei jedem Körper, welcher gezwungen wird, sich um einen festen Mittelpunkt zu bewegen, tritt eine Kraft auf, welche den bewegten Körper von dem Drehungsmittelpunkte zu entfernen strebt, und welche aus diesem Grunde Zentrifugalkraft genannt wird. Diese Kraft wächst mit der Geschwindigkeit des bewegten Körpers. Die Abbildung Fig. 4 stellt die älteste Form des Regulators, den sogenannten Wattschen Regulator vor. Werden bei diesem infolge der vergrößerten Geschwindigkeit die beiden Kugeln P weiter von der gemeinsamen Umdrehungsachse entfernt, so vergrößert sich der von den Hebeln a und b gebildete Winkel. Dadurch wird die Hülse H von den Hebeln c und d nach aufwärts bewegt. Umgekehrt bewegt sich die Hülse H abwärts, wenn die Kugeln P infolge verminderter Geschwindigkeiten näher an die Umdrehungsachse heranrücken. Wird nun die Hülse H etwa mit einer Drosselklappe in der Dampfleitung in Verbindung gesetzt, so daß die aufwärts gehende Hülse H die Drosselklappe schließt, die heruntergehende sie öffnet, so wird im ersten Falle die Arbeit des Dampfes im Zylinder abnehmen, im zweiten zunehmen und damit die Arbeit der Maschine dem jeweiligen Widerstande angepaßt werden. Das Schwungrad bezweckt also die Innehaltung konstanter Winkelgeschwindigkeit während einer Umdrehung, während der Regulator die Zahl der Umdrehungen in der Zeiteinheit möglichst konstant halten soll, wenn der Beharrungszustand durch eine Aenderung in der Belastung der Maschine gestört wird.

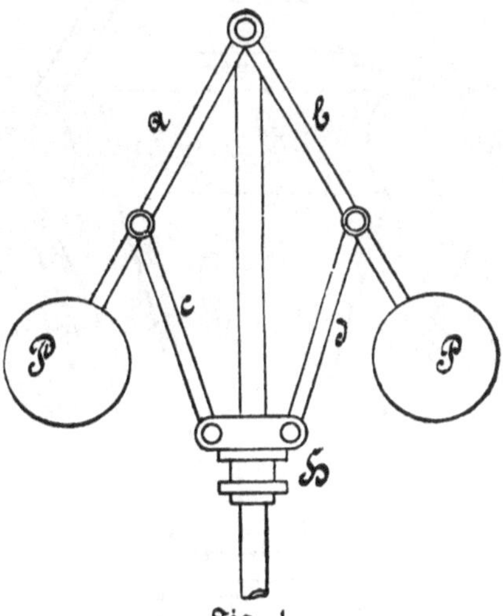

Fig. 4.

Die Drosselung des Dampfes durch Anwendung einer Drosselklappe in der Dampfrohrleitung ist die einfachste Art, die Arbeit des Dampfes im Zylinder zu verringern oder zu vergrößern; sie hat aber den Nachteil, daß sie die Spannung des Dampfes unnötigerweise vermindert und damit die volle Ausnützung der dem Dampf innewohnenden Arbeit hindert. Bei den neueren

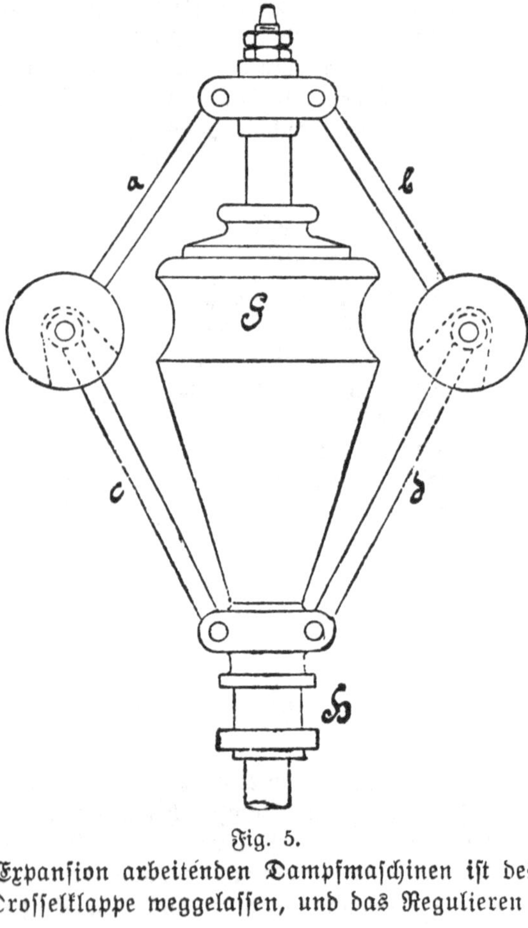

Fig. 5.

mit Expansion arbeitenden Dampfmaschinen ist deshalb die Drosselklappe weggelassen, und das Regulieren wird hier in einer Weise vorgenommen, daß der Dampfzufluß zum Zylinder nach Bedürfnis früher oder später abgestellt wird.

Die Schwungkugeln eines Regulators zeigen in gewisser Beziehung ein ähnliches Verhalten, wie ein

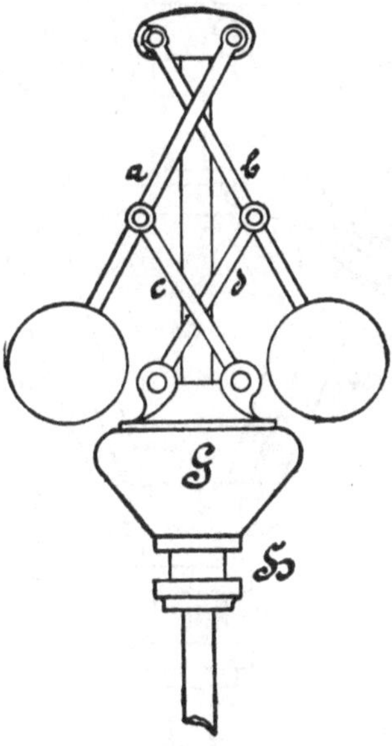

Fig. 6.

Schwungrad. Je schwerer sie sind, umsomehr Arbeit kann in ihnen aufgespeichert werden, und um so langsamer ändern sie ihre Geschwindigkeit und demnach auch ihre Entfernung von der Umdrehungsachse. Mit anderen Worten, je schwerer die Schwungkugeln eines Regulators sind, um so langsamer und deshalb auch gleichmäßiger erfolgt die

Einwirkung desselben auf die Dampfeinströmung und damit auch auf die Arbeit der Maschine. Es ist nun nicht vorteilhaft, wenn die Schwungkugeln eines Regulators

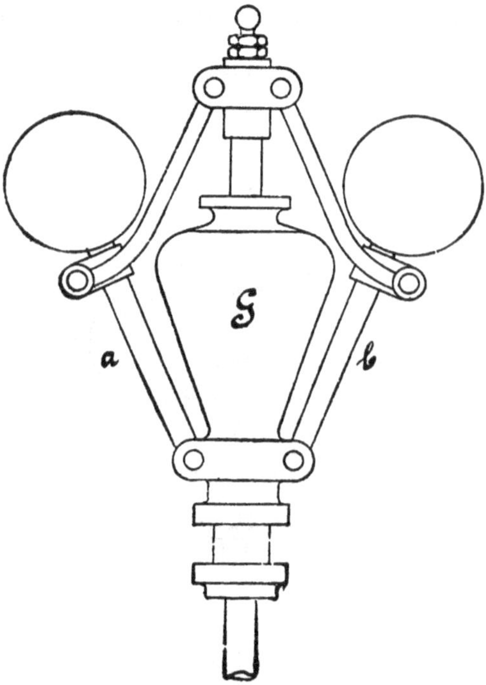

Fig. 7.

bei einer vermehrten Geschwindigkeit der Dampfmaschine sofort bis in ihre äußerste Stellung emporfliegen und damit stoßweise eine Vermehrung der Dampfarbeit im Zylinder hervorrufen. Demnach war es angezeigt, die

Schwungkugeln möglichst schwer zu machen. Dies hat aber verschiedene Uebelstände im Gefolge, namentlich eine sehr starke Abnutzung der reibenden Flächen des Regulators. Man ist deshalb dazu übergegangen, die Vergrößerung der Masse eines Regulators durch Anwendung eines Gegengewichtes zu bewerkstelligen. Der in

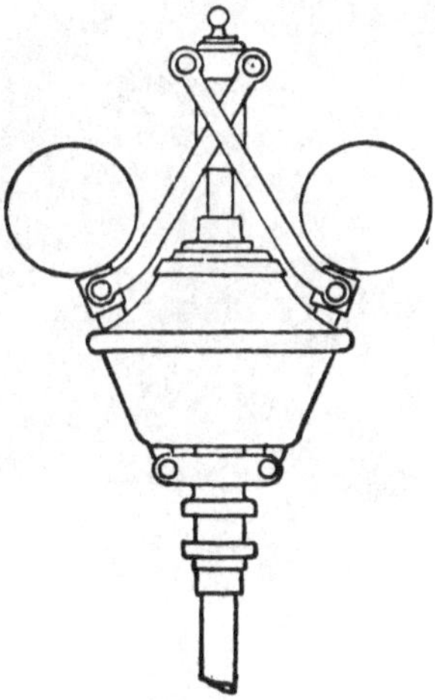

Fig. 8.

Fig. 5 dargestellte, sogenannte Portersche Regulator hat ein solches Gegengewicht G, welches lose auf der Umdrehungsachse sitzt und auf der Hülse H aufruht. In seiner sonstigen Einrichtung unterscheidet sich dieser Regulator von dem in Fig. 4 dargestellten Wattschen nur dadurch, daß die Schwungkugeln in den Gelenken der Führungshebel a und c bezw. b und d angebracht sind. Eine andere Form eines mit Gegengewicht ausgestatteten Regulators ist in Fig. 6 dargestellt. Die Schwungkugeln hängen hier an gekreuzten Hebelarmen a und b, zwei weitere gekreuzte Hebelarme c und d tragen das Gegengewicht G und die Hülse H. Der in Fig. 7 dargestellte

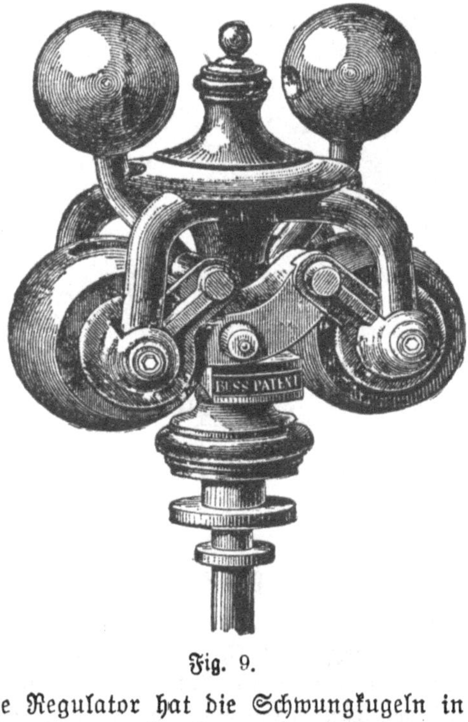

Fig. 9.

Proellsche Regulator hat die Schwungkugeln in umgekehrter Anordnung, also oben an den Hebelarmen a und b. Dasselbe ist der Fall an dem in Fig. 8 dargestellten Regulator mit gekreuzten Traghebeln. Fig. 9 zeigt den Regulator von Buß. Bei diesem ist das Gegengewicht in Form von zwei weiteren Kugeln angebracht.

Bei den mit schweren Massen ausgestatteten Regulatoren, sei es nun, daß die schweren Massen in den Schwungkugeln oder in dem Gegengewicht liegen, macht sich zunächst die Reibung störend bemerkbar. Außerdem tritt noch eine Erscheinung auf, die man das Ueberregulie-

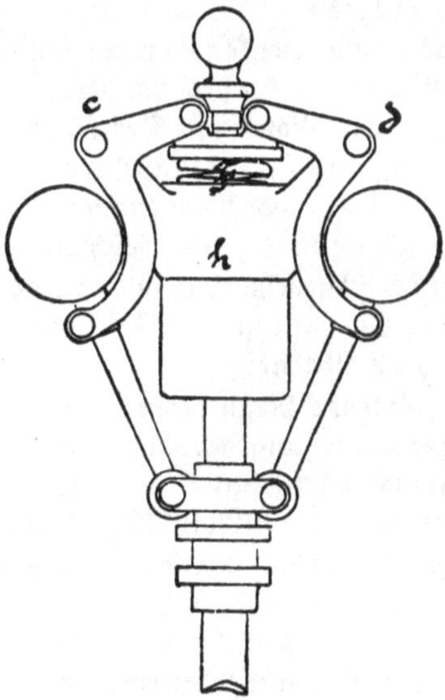

Fig. 10.

ren nennt. Diese besteht darin, daß die bewegten schweren Massen infolge der in ihnen aufgespeicherten Arbeit ihre Bewegung weiter fortsetzen, als es zur Regulierung der Dampfarbeit im Zylinder erforderlich ist. Man hat beiden Uebelständen dadurch abzuhelfen gesucht, daß man die Gegenbelastung des Regulators nicht durch ein Gewicht, sondern durch eine Feder bewerkstelligte. Der in Fig. 10 dargestellte Proellsche Regulator trägt eine Hülse h und in dieser eingeschlossen eine Spiralfeder F. Gehen die Schwungkugeln des Regulators auseinander, so drücken die gekrümmten Hebelarme c und d diese Feder nieder. Der Widerstand der Spiralfeder ersetzt also hier den Druck eines Gegengewichtes.

Das Heben und Senken der Schwungkugeln eines Regulators ist eine Folge des rascheren und des langsameren Ganges der Maschine. Der Regulator tritt deshalb erst in Tätigkeit, wenn die Geschwindigkeit der Maschine schon etwas zu- oder abgenommen hat. Infolgedessen ist er nicht imstande, die Geschwindigkeit der Maschine unverändert zu erhalten, sondern er kann nur bewirken, daß die Aenderung der Geschwindigkeit eine gewisse Grenze nicht übersteigt.

Indirekt wirkende Regulatoren sind solche, bei welchen infolge der Bewegung der Regulatorhülse ein besonderer Kupplungsmechanismus einrückt, der mit dem Steuerapparat oder der Drosselklappe der Maschine in Verbindung steht. Sobald die Regulatorspindel ihre bestimmte Geschwindigkeit ändert, wird dieser Mechanismus eingekuppelt und nach erfolgter Herstellung der normalen Geschwindigkeit wieder ausgekuppelt. Ein Beispiel dafür ist in der Abbildung Fig. 11 dargestellt. Die Regulatorhülse trägt hier zwei Kegelräder p_1 und p_2, welche in das Kegelrad p_3 eingreifen, je nachdem die Hülse sich senkt oder hebt. Bei einer der normalen Geschwindigkeit der Maschine entsprechenden Mittelstellung der Hülse sind die Räder p_1 und p_2 außer Eingriff mit p_3. Die Bewegung von p_3 wird auf die Welle w übertragen, und diese wirkt weiterhin auf den Steuerungsmechanismus der Maschine. Ein Regulator, welcher sowohl direkt als auch indirekt wirkt, ist der Regulator von Chaineux in Aachen.

Ein neuerer sehr beliebter Regulator ist der sogenannte „Flachregler" oder Achsenregulator, wie er in den Figuren 12 bis 15 dargestellt ist.

Das Prinzip derselben besteht darin, daß das Exzenter auf der Kurbelachse oder einer besonderen Steuerungswelle (bei Ventilmaschinen) beweglich ist, und wie aus der Fig. 15 ersichtlich, einerseits durch starke Federn, andererseits durch Schwunggewichte, je nach der größeren oder geringeren Zahl der Umdrehungen, in seiner Lage beeinflußt wird. Durch die dadurch bewirkte Veränderung des Voreilwinkels wird die Dampfverteilung so gegen die toten Punkte der Kurbel und des Kolbens verschoben, daß alle Perioden der Dampfverteilung entweder früher oder später eintreten, je nachdem der Voreilwinkel größer oder kleiner wird.

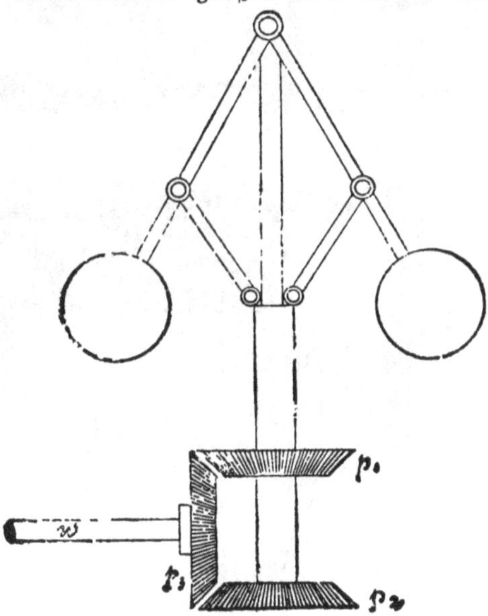

Fig. 11.

Die Figuren 12 bis 14 stellen den Reckeschen Flachregler, auch Beharrungsregler genannt, dar, der bezüglich seiner Wirkungsweise zu den besten Reglern gezählt werden muß. Die Figuren sind aus dem bekannten Lehr- und Handbuch von Dubbel entnommen. Der auf der Steuerwelle aufgekeilte Hebel H. N. H nimmt mittels zweier Lenker die Schwunggewichte mit, welche durch

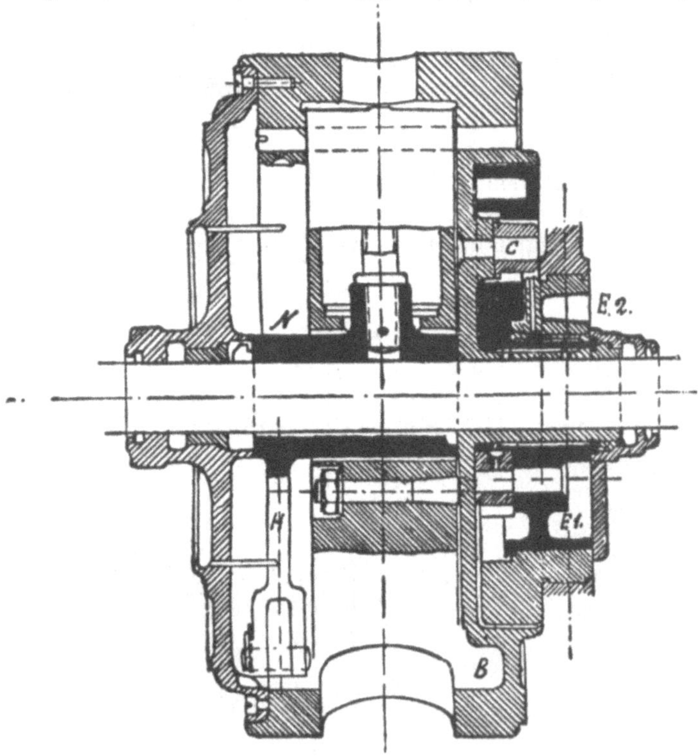

Fig. 12.

die Zapfen O,O mit der als Regulatorgehäuse ausgebildeten Beharrungsmasse B verbunden sind. Diese Zapfen O,O sind um die Lenkerlänge vom Wellenmittelpunkt entfernt, so daß bei einem Ausschlag der Schwunggewichte jeder Punkt derselben einen Kreisbogen O, O¹, beschreibt. Die Schwunggewichte wirken den radial angeordneten Federn direkt entgegen. Bei diesem Ausschlag wird das vom steuernden Exzenter E_2 umfaßte innere Exzenter E_1 mittels des kurzen Lenker a b verdreht, wobei also der Voreilwinkel entweder vergrößert oder verkleinert wird.

Die Fliehkräfte beider Excenter sind durch Gegengewichte ausgeglichen. Bei eintretenden Belastungsänderungen dreht sich Excenter E_1 um die Beharrungsmasse in entgegengesetzter Richtung, bewegt sich also nach derselben Seite hin. Das äußere Excenter E_2 erfährt beim Regulatoreingriff eine Parallelverschiebung, durch welche jede besondere Bewegung zwischen Excenter und Ring vermieden wird.

§ 13. Die Kondensationsvorrichtung

Wenn die Dampfmaschine einen Hub vollendet, also wenn der Kolben seinen Weg im Zylinder in einer Richtung zurückgelegt hat, so muß der hinter dem Kolben befindliche Dampf beseitigt werden. Dies geschieht entweder, indem man den Dampf in die freie Luft entweichen läßt, oder indem man ihn in einen geschlossenen Raum leitet und dort durch Abkühlung zu flüssigem Wasser verdichtet (kondensiert). Im ersteren Falle heiß die Maschine eine Auspuffmaschine, im letzteren eine Kondensationsmaschine. Entweicht der verbrauchte Dampf in die Luft, so vermindert sich die Spannung vor dem nunmehr in umgekehrter Richtung sich bewegenden Kolben bis auf den Druck der Luft, also bis auf 1 Atmosphäre. Wird aber der Dampf kondensiert, so entsteht vor dem zurückkehrenden Kolben ein nahezu luftleerer Raum, und die Wirkung

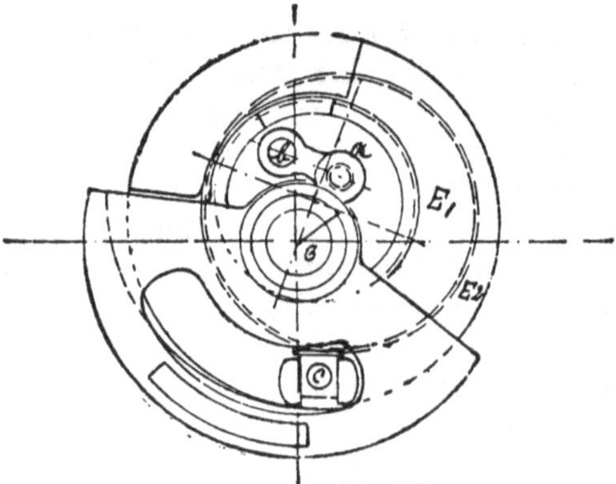

Fig. 13.

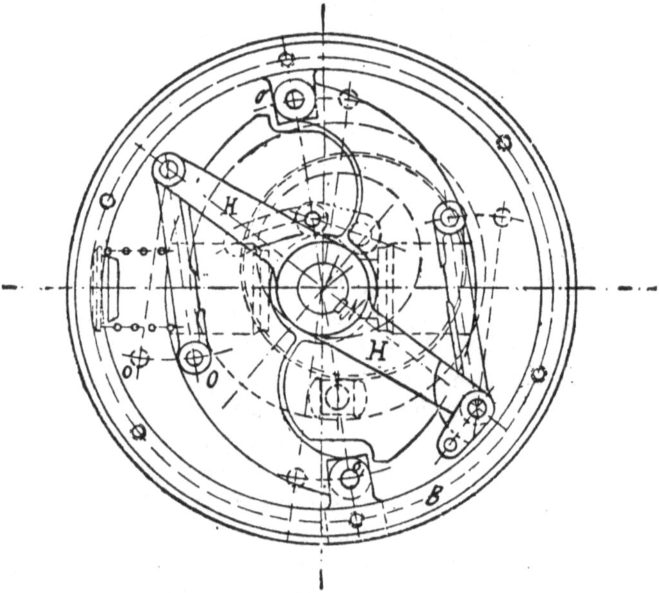

Fig 14.

des Kesseldampfes erhöht sich jetzt um soviel, als der Druckverlust durch Kondensation vor dem Kolben beträgt. Wäre es möglich, in dem Kondensationsraum eine vollkommene Luftleere herzustellen, so würde die Wirkung des frischen Kesseldampfes sich um eine volle Atmosphäre

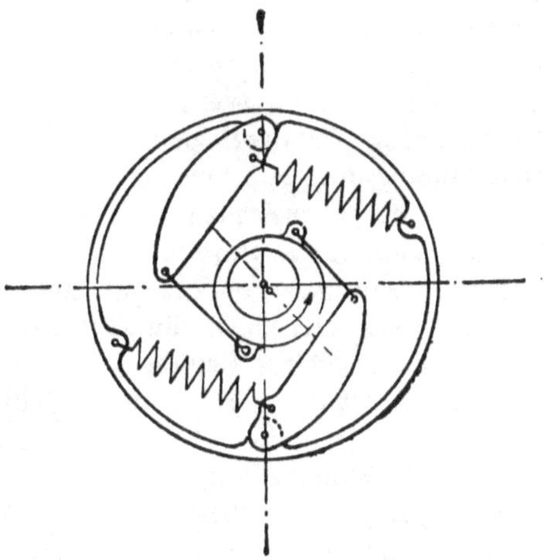

Fig. 15.

steigern. Tatsächlich ist dies nicht erreichbar; der Gewinn beträgt selten mehr als 80% der vollkommenen Luftleere.

Zur Abkühlung und Verdichtung des Dampfes im Kondensator wird kaltes Wasser benutzt. Entweder wird das Wasser im Kondensationsraume mit dem Dampfe direkt in Berührung gebracht, oder man läßt den Dampf an Metallröhren vorbeistreichen, welche im Innern von kaltem Wasser durchströmt werden. Im ersteren Falle wird das Wasser brausenartig in den Kondensationsraum und zwar meistens dem einströmenden Dampf entgegen, gespritzt. Hiervon hat die Vorrichtung den Namen Einspritzkondensator erhalten. Verdichtet sich dagegen der Dampf an der Oberfläche der von innen durch kaltes Wasser gekühlten Röhren, so heißt der Apparat Oberflächenkondensator. In jedem Falle sind zwei Pumpen nötig: eine zum Herbeischaffen des kalten Kühlwassers und eine zweite zur Beseitigung des durch Verdichtung des Dampfes entstandenen Wassers. Beim Einspritzkondensator hat diese Pumpe auch das von der Kaltwasserpumpe gelieferte Kühlwasser zu entfernen. Mit dem Dampf wird aber gleichzeitig auch etwas Luft in den Kondensationsraum gebracht. Diese muß von der zur Abführung des Kondensationswassers dienenden Pumpe ebenfalls entfernt werden, und aus diesem Grunde hat die Pumpe den Namen Luftpumpe erhalten. In neueren Maschinenanlagen sind vielfach Luftpumpe und Kaltwasserpumpe vereinigt, d. h. die Luftpumpe muß das Kühlwasser selbst ansaugen. Der Grad der Luftverdünnung im Kondensationsraum wird von einem Apparat gemessen, welcher eine ähnliche Einrichtung besitzt wie ein Federmanometer. Derselbe wird Vacuummeter genannt.

Bei der Oberflächenkondensation ist die Kaltwasserpumpe zweckmäßig eine besondere, von der Maschine unabhängige Dampfpumpe, damit auch während des Stillstandes der Dampfmaschine gespeist und der Kondensator kühl gehalten werden kann.

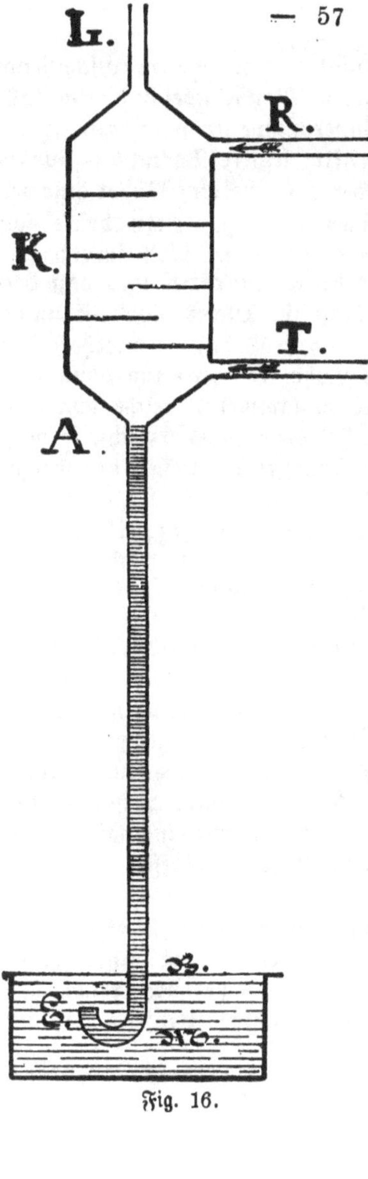

Fig. 16.

Wenn die Luftpumpe, wie vorhin angenommen wurde, neben der im Kondensationsraume befindlichen Luft auch noch das Einspritz- und das Kondensationswasser entfernen muß, so heißt sie eine nasse Luftpumpe, zum Unterschied von der trockenen Luftpumpe, welche nur die Luft absaugen soll. Letztere wird nicht selten angewandt, und sie bietet alsdann den Vorteil, daß man sie weit schneller arbeiten lassen kann, als wenn sie auch das Wasser entfernen soll. Selbstredend ist aber in diesem Falle eine weitere Vorrichtung nötig, um das Wasser zu entfernen. Ist die Kondensationsvorrichtung ein Oberflächenkondensator, ist also das zu entfernende Wasser nur Kondensationswasser, so befördert man es zweckmäßig durch die Speisepumpe wieder in den Kessel.

Bei dem Einspritzkondensator wäre die wegzuschaffende Wassermenge hierfür zu groß. Man wendet in diesem Falle entweder eine weitere Wasserpumpe an oder entfernt das Wasser durch Wasserdruck. Um letztere Vorrichtung zu verstehen, bedenke man, daß der Luftdruck eine Wassersäule von ungefähr 10 m zu tragen vermag. Man denke sich nun, daß in den Kasten K (Fig. 16) fortwährend kaltes Wasser durch das Rohr R einströmt, und daß das Rohr AB etwa 10,5 m lang ist. Dieses Rohr ist unten umgebogen und mündet in dem Gefäß M unterhalb des Wasserspiegels. In dem Rohr AB wird sich dann eine Wassersäule von etwa 10 m sammeln, welche von dem Luftdruck getragen wird. Ist diese Höhe erreicht, so muß in demselben Maße bei E Wasser ausfließen, als oben in dem Kasten K reines Wasser zufließt, weil alsdann die Wassersäule in AB ein größeres Gewicht erhält, als die Luft zu tragen vermag. Lassen wir nun durch das Rohr T den gebrauchten Dampf in den Kasten K strömen und setzen wir endlich das Rohr L mit der Luftpumpe in Verbindung, so haben wir einen Einspritzkondensator mit trockener Luftpumpe und Abführung des Kühl- und Kondensationswassers durch Wasserdruck. Der Dampf strömt dem Kühlwasser in der Richtung der beigesetzten Pfeile entgegen, und die verschiedenen in den Kasten K eingebauten Querwände bewirken eine innige Mischung des Kühlwassers mit dem Dampf und damit eine vollständige Verdichtung des letzteren zu flüssigem Wasser.

In neuerer Zeit, namentlich beim Betriebe von Dampfturbinen ist die große Bedeutung einer guten Kondensationsvorrichtung besonders hervorgetreten, weil die Höhe des Vakuums von größtem Einfluß auf den

Dampfverbrauch der Dampfturbinen ist, mehr noch wie bei den Kolbendampfmaschinen. Neben der schon erwähnten Einspritzkondensation und Strahl-Kondensation (nach Körting) ist es hauptsächlich die Oberflächen-Kondensation und Gegenstrom-Misch-Kondensation, die große Verbreitung gefunden haben. Bei der Oberflächen-Kondensation strömt der Abdampf in einen liegenden Röhrenkessel, durch dessen Röhren das Kühlwasser zirkuliert. Der Abdampf schlägt sich an der äußeren Oberfläche der kalten Rohre nieder, und das Kondensat, also vollständig reines, kein Schmieröl enthaltendes Wasser, wird durch eine besondere Pumpe gleichzeitig mit der sich noch ansammelnden Luft fortgeschafft, die also als die schon erwähnte „Naßluftpumpe" eingerichtet ist. Die Röhren in dem Kondensator-Kessel sind aus Messing hergestellt, und innen und außen verzinnt. Die Abdichtung dieser Röhren in den aus einer Bronzelegierung hergestellten Rohrböden, erfolgt mittels Baumwollpackung, und können sich deshalb genügend ausdehnen. In diesen so befestigten Röhren zirkuliert das Kühlwasser, das in der Regel durch eine Zentrifugalpumpe geliefert wird. Je größer das herzustellende Vakuum sein soll, desto mehr Kühlwasser hat diese Pumpe zu liefern, und man rechnet je nach der Höhe des Vakuums auf eine Kühlwassermenge, welche die abzukühlende Dampfmenge um das hundertfache übertrifft. Bei der Einspritz-Kondensation ist die Abkühlwassermenge, welche die Einspritzpumpe zu liefern hat, freilich etwa ⅓ geringer, ob aber dies Wasser vorgewärmt auf vielleicht 30° zum Speisewasser der Dampfkessel wieder zu benutzen ist, hängt von der Beschaffenheit des Einspritzwasser ab. Jedenfalls ist aber das Vakuum bei der Oberflächen-Kondensation um ca. 3 bis 5 Prozent größer, also vorteilhafter, wenn es sich darum handelt, den Betrieb möglichst ökonomisch zu erhalten, wenn keine nützliche Verwendung vorgewärmten Wassers möglich ist.

Man hat nun die Einspritzkondensation dadurch zu verbessern gesucht, daß das Einspritzwasser in möglichst fein verteilten Strahlen dem Abdampf in einem besonderen Kessel so entgegen geführt wird, daß das kalte Wasser auch mit dem bereits mehr abgekühlten Abdampf, und das schon mehr angewärmte Kühlwasser mit dem frisch eingeführten Abdampf in möglichst innige Berührung gebracht wird. Das Gegenstromprinzip wird in dem besonderen Kessel möglichst dadurch herbeigeführt, daß dem aufsteigenden Abdampf das Kühlwasser durch den etagenförmigen Einbau entgegenströmt, der Abdampf mischt sich auf diese Weise mit dem Kühlwasser. Gleichzeitig bewirkt auch hier eine besondere Luftpumpe an der höchsten und zugleich kältesten Stelle des Kessels das Absaugen der durch Undichtigkeiten eingetretenen Luftmengen.

Das Misch-Kondensat wird auch bei dieser sogenannten „Gegenstrom-Misch-Kondensation“ durch eine Zentrifugalpumpe beseitigt, die so tief unter dem Kondensatorkessel aufgestellt sein muß, daß sie das warme Mischkondensat aus dem Vakuumraum des Kessels ansaugen kann. Daß bei dieser Art der Kondensation ein größeres Vakuum erzielt wird, wie bei der gewöhnlichen Einspritzkondensation ist wohl erklärlich, auch daß die Kühlwassermenge eine geringere sein muß, ein Umstand, der namentlich bei größeren Anlagen sehr ins Gewicht fällt, wenn eine beschränkte Kühlwassermenge zur Verfügung steht, so daß eine Einrichtung notwendig wird, welche bezweckt, die bereits gebrauchte und angewärmte Kühlwassermenge in abgekühltem Zustande wieder zu benutzen. Hierzu sind dann teure Kühltürme und Rückkühl-Anlagen notwendig. Bei sehr großen Dampfkraftanlagen, die mit sogenannten Zentral-Kondensationsanlagen versehen sind, und die täglich eine sehr große Menge Kühlwasser benötigen, sind solche Rückkühl-Anlagen erforderlich.

In dem sogenannten „Kühlturm“ der kaminartig aufgebaut ist, tritt die unten in den Kühlturm eintretende kalte Luft infolge des kaminartigen Aufbaues desselben, ein, den von oben herabrieselnden fein verteilten Wasserstrahlen und Tropfen entgegen.

Natürlich verdunstet bei diesem Vorgange ein bedeutender Teil des Kühlwassers, wodurch die Abkühlung desselben hauptsächlich gefördert wird. Diese der Abkühlung förderliche Verdunstung ist natürlich sehr abhängig von dem Feuchtigkeitsgehalt der Luft. Je feuchter diese ist, desto weniger ist sie zur Aufnahme von Wasserdunst fähig, und um so schwerer ist die Abkühlung infolge seiner Verdunstung, was man an einem Thermometer, dessen Quecksilberkugel mit Watte umwickelt ist, beobachten kann.

Im Allgemeinen genügt die 40fache Menge Kühlwasser des Abdampfes, die natürlich täglich um die Menge des Verdunsteten Kühlwassers zu vermehren ist; der Grad der erzielten Abkühlung ist hauptsächlich von der Lufttemperatur und dem Feuchtigkeitsgehalt der Luft abhängig.

§ 14. Die Expansion. Um den Kolben einer Dampfmaschine von dem einen Ende des Zylinders zum andern zu treiben, muß man Dampf aus dem Kessel hinter den Kolben treten lassen. Man kann nun hierbei während der ganzen Kolbenbewegung den frischen Kesseldampf zuströmen lassen, kann aber auch den Dampf absperren, nachdem der Kolben nur einen Teil seines Weges zurückgelegt hat. Im ersteren Falle arbeitet der Dampf während der ganzen Hubdauer mit voller Kesselspannung, und die Maschine heißt in diesem Falle Volldruckmaschine. Im zweiten Falle wird die im Zylinder abgesperrte Dampfmenge vom Augenblick der Absperrung ab in dem Maße sich ausdehnen, wie durch die Weiterbewegung des Kolbens der Raum im Zylinder sich vergrößert. Maschinen mit dieser Einrichtung heißen Expansionsmaschinen. Es läßt sich nun leicht zeigen, daß bei Expansionsmaschinen die dem Dampf innewohnende Arbeitskraft weit besser ausgenützt wird, als bei Volldruckmaschinen, und daß man demnach in den ersteren die Betriebskraft erheblich billiger erhält, als in den letzteren. Um dies einzusehen, beachte man folgendes. Bei der Expansion vermindert sich die Spannung des eingeschlossenen Dampfes in dem gleichen Maße, wie der einschließende Raum größer wird. Ist der Arbeitsraum im Zylinder durch den Weitergang des Kolbens doppelt so groß geworden, so besitzt der eingeschlossene Dampf nur noch $^1/_2$ usw. Würde nun der Widerstand, welchen der Kolben seiner Fortbewegung entgegensetzt, auf seinem ganzen Wege derselbe, und zwar ein solcher sein, daß zu seiner Ueberwindung die volle Dampfspannung erforderlich wäre, so würde der Kolben alsbald nach der Dampfabsperrung zum Stillstand kommen, und der eingeschlossene Dampf könnte keine Arbeit mehr leisten. Anders aber ist es, wenn nach der Dampfabsperrung der dem Kolben entgegenwirkende Widerstand in dem Maße verringert werden kann, wie die Spannung des sich ausdehnenden eingeschlossenen Dampfes nachläßt.

In diesem Falle leistet der Dampf immer noch Arbeit und überträgt dieselbe auf den Kolben. Dies kann nun dadurch erwirkt werden, daß in der Zeit, während der die Maschine mit der vollen Dampfspannung arbeitet, die Dampfarbeit größer ist, als der entgegenstehende Widerstand zu seiner Ueberwindung erfordert, so daß also ein Arbeitsvorrat im Schwungrad aufgespeichert wird. Läßt nun nach der Absperrung des Dampfes die Dampfspannung mehr und mehr nach, so tritt bald der Zeitpunkt ein, wo die Dampfarbeit kleiner ist als der zu überwindende Widerstand. Jetzt kommt der im Schwungrad aufgespeicherte Arbeitsüberschuß zur Geltung. Dieser muß mit der Arbeit, welche der Dampf im Zylinder während seiner Expansion zu leisten vermag, gerade hinreichen, um den Hub zu vollenden. Die Zeit, während welcher der Dampf in einer Expansionsmaschine in den Zylinder einströmt, heißt die Einlaßperiode (Admissionsperiode), die Zeit vom Augenblick der Absperrung bis zur Vollendung des Hubes die Ausdehnungsperiode (Expansionsperiode). Das Verhältnis des während der Einlaßperiode gefüllten Raumes zu dem ganzen Dampfraum heißt der Füllungsgrad oder die Füllung der Maschine, das Verhältnis des durch die Expansion noch weiter auszufüllenden Raumes zu dem ganzen Dampfraum der Expansionsgrad. Denken wir uns den ganzen Dampfraum des Zylinders in 10 gleiche Teile geteilt und den Dampf abgesperrt, nachdem zwei dieser Teile mit Dampf angefüllt sind, so sagt man, die Füllung betrage $^2/_{10}$ oder 0,2, die Expansion $^8/_{10}$ oder 0,8, oder man sagt auch, die Maschine arbeite mit 0,2 Füllung.

Aus dem Vorstehenden ergibt sich, daß in einer Expansionsmaschine im Anfange eines Hubes mehr Arbeit auf den Kolben übertragen werden muß, als zur Ueberwindung des Widerstandes erforderlich ist, und ferner, daß die Möglichkeit vorhanden sein muß, diesen Ueberschuß an Arbeit aufzuspeichern. Die Expansionsmaschine muß deshalb einen größeren Zylinderdurchmesser haben, als bei gleichem Dampfdruck in einer Volldruckmaschine erforderlich wäre. Zur Aufspeicherung der Arbeit muß das Schwungrad mehr Masse und eine größere Geschwindigkeit besitzen, als wenn ohne Expansion gearbeitet wird. Werden von der Maschine schwere Massen in Bewegung gesetzt, wie beispielsweise bei Lokomotiven, so übernehmen diese an Stelle des Schwungrades die Aufspeicherung und Verteilung der Dampfarbeit.

In welcher Weise in einer Expansionsmaschine die Arbeitskraft des Dampfes ausgenutzt wird, gegenüber der Ausnutzung in einer Volldruckmaschine, läßt sich an der Hand eines Beispieles leicht ersehen. Wir wollen annehmen, die Wegstrecke, welche der Kolben im Zylinder zurückgelegt, sei in 20 gleiche Teile geteilt, und es werde, während der Kolben eine solche Teilstrecke unter vollem Dampfdruck zurücklegt, eine Arbeit von 100 kgm geleistet. Die Maschine soll mit 0,2 Füllung arbeiten, so daß also auf den 4 ersten Teilstrecken der volle Dampfdruck wirkt, somit auf jeder 100 kgm auf den Kolben übertragen werden. Nachdem der Kolben die vierte Teilstrecke durchlaufen hat, wird der Dampf abgesperrt. Auf der fünften Teilstrecke wird sich der Dampf ausdehnen, und zwar wird er am Ende dieser Teilstrecke 5 der 20 gleichen Raumteile des Zylinders füllen, während er am Ende der vierten Strecke 4 solcher Raumteile füllte. Der Rauminhalt des Dampfes ist also auf $^5/_4$ des Anfangsraumes gewachsen, die Spannung aber hat sich dadurch auf $^4/_5$ des Anfangsdruckes vermindert. Ebenso ergibt sich, daß die Dampfspannung am Ende der sechsten Teilstrecke nur noch $^4/_6$, am Ende der siebenten noch $^4/_7$ der Anfangsspannung ist usw. Da nun bei gleichbleibender Geschwindigkeit die Arbeit in demselben Maße, wie der Druck, abnimmt, so wird auch die Dampfarbeit in demselben Maße abnehmen. Nehmen wir nun an, daß der Dampfdruck auf einer ganzen Teilstrecke gleich ist dem Druck am Ende dieser Strecke, so erhalten wir für die einzelnen Teilstrecken folgende Dampfarbeit. Die Dampfspannung im Zylinder vor der Expansion soll mit 1 bezeichnet werden. Es ist alsdann auf der

	Dampfspannung	Dampfarbeit
1. Teilstrecke . . .	1	100 kgm
2. „ . . .	1	100 „
3. „ . . .	1	100 „
4. „ . . .	1	100 „
5. „ . . .	4/5	4/5 × 100 = 80 „
6. „ . . .	4/6	4/6 × 100 = 67 „
7. „ . . .	4/7	4/7 × 100 = 57 „
8. „ . . .	4/8	4/8 × 100 = 50 „
9. „ . . .	4/9	4/9 × 100 = 44 „
10. „ . . .	4/10	4/10 × 100 = 40 „
11. „ . . .	4/11	4/11 × 100 = 36 „
12. „ . . .	4/12	4/12 × 100 = 33 „
13. „ . . .	4/13	4/13 × 100 = 31 „
14. „ . . .	4/14	4/14 × 100 = 29 „
15. „ . . .	4/15	4/15 × 100 = 27 „
16. „ . . .	4/16	4/16 × 100 = 25 „
17. „ . . .	4/17	4/17 × 100 = 23 „
18. „ . . .	4/18	1/18 × 100 = 22 „
19. „ . . .	4/19	4/19 × 100 = 21 „
20. „ . . .	4/20	4/20 × 100 = 20 „

Gesamtarbeit während des ganzen Hubes: 1005 kgm

Arbeitete dieselbe Maschine ohne Expansion, so würde auf jeder Teilstrecke eine Arbeit von 100 kgm, auf dem ganzen Hube also eine Arbeit von 2000 kgm geleistet worden sein. Es würde aber in diesem Falle auch die fünffache Dampfmenge verbraucht worden sein. Mit einer Füllung von 0,2 erhalten wir somit mehr als die Hälfte der Arbeit bei voller Füllung.

Die vorstehende Rechnung ist nicht genau richtig. Wir haben angenommen, daß in der Expansionsperiode der Dampfdruck während des Durchganges des Kolbens durch eine Teilstrecke derselbe wie am Ende der Strecke gewesen sei. Tatsächlich ist er etwas größer. Es macht das jedoch keinen wesentlichen Unterschied gegenüber dem Ergebnis der genauen Rechnung. Ferner ist nicht beachtet, daß der Dampf infolge der Ausdehnung auch sich abkühlt. Hiergegen kann man allerdings Vorsorge treffen, indem man den Dampf im Zylinder durch einen Dampfmantel heizt. Es ist deshalb bei Expansionsmaschinen die Anwendung eines Dampfmantels vorteilhaft.

Durch Aenderung des Füllungsgrades kann man viel vorteilhafter als durch Anwendung einer Drosselklappe die Dampfarbeit im Zylinder dem von der Maschine zu überwindenden Widerstand anpassen, also den Gang der Maschine regulieren. Dampfmaschinen, welche eine Aenderung in der Füllung zulassen, nennt man Maschinen mit veränderlicher Füllung oder mit veränderlicher Expansion. Die neueren Dampfmaschinen sind stets in dieser Weise eingerichtet. Die Aenderung in der Füllung wird mit Hilfe der Steuerung bewirkt.

Die indizierte Arbeitsleistung der Dampfmaschinen.

Dem Maschinisten wird in der Regel die Aufgabe gestellt, bei Leistungsversuchen die nötige Hilfe zu leisten, und ist es deshalb für jeden Maschinisten wissenswert, über die Vorgänge bei einem Leistungsversuch unterrichtet zu sein. Ein Hilfsmittel behufs Messung der Maschinenleistung ist immer der Indikator, der schon von James Watt erfunden wurde. Zurzeit sind die am meisten angewandten Indikatoren die von den Firmen Dreyer, Rosenkranz & Droop, Schäffer & Budenberg sowie Maihak hergestellten. In einem kleinen Dampfzylinder bewegt sich ein Kolben, der durch eine Feder belastet, von der entgegengesetzten Seite dem Dampfdruck ausgesetzt wird. Zu diesem Zweck muß also der Indikator mit dem Dampfzylinder, und zwar abwechselnd mit einer oder der andern Seite des Dampfkolbens verbunden werden. Auf einer Papiertrommel, die mit der Kolbenbewegung übereinstimmend, eine durch Hebelübersetzung verkleinerte, oszillierende Bewegung mitmacht, wird dann der jeweilige Dampfdruck im Dampfzylinder aufgezeichnet, und das Ergebnis ist dann das sog. Dampfdruckdiagramm. Aus diesem wird zunächst der mittlere Dampfdruck berechnet, und zwar ist der Maßstab hierzu bei jeder der benutzten Federn durch besonders hierzu geeignete Manometer festgestellt. Wie aus solchem Diagramm der auf den Dampfkolben wirkende Dampfdruck berechnet wird, soll an einem solchen Diagramm gezeigt werden, das einer Dampfmaschine entnommen ist, die mit einem Dampfkesseldruck von 9 Atmosphären betrieben wird, und zwar 1. ohne Kondensation, 2. mit Kondensation und 3. Diagramm einer Verbundmaschine.

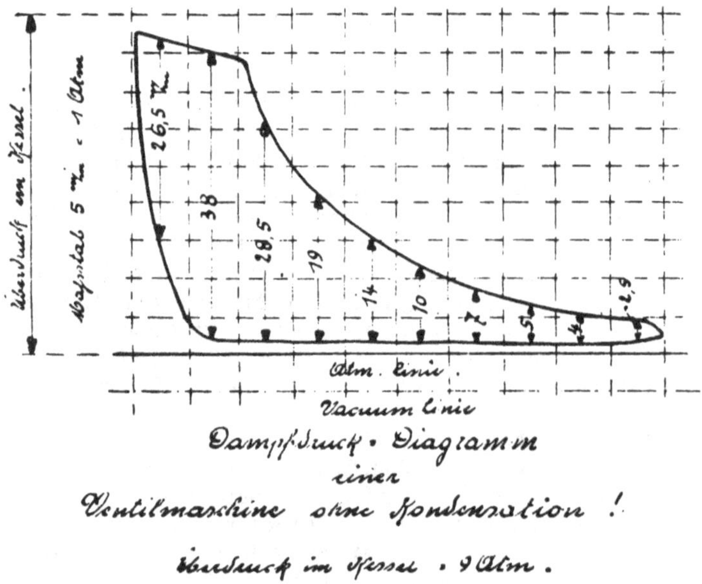

Fig. 16a.

Am einfachsten ergibt sich der mittlere Druck auf folgende Weise:

Man teilt das Diagramm in möglichst viele Teile, je mehr desto besser. Im vorliegenden Beispiel ist das

Diagramm in 10 Teile geteilt. In jedem der Teile ist die mittlere Höhe, wie eingeschrieben, gemessen, und zwar in Millimeter. Die Summe dieser zehn mittleren Maße ergibt: 26,5 + 38 + 28,5 + 19 + 14 + 10 + 7 + 5 + 4 + 2,5 = 154,5 mm.

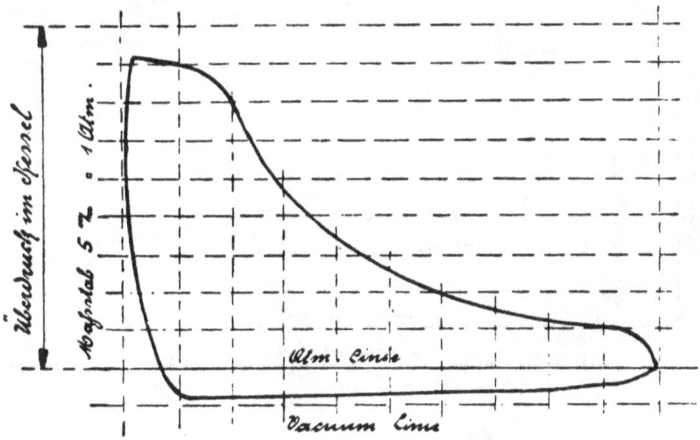

Dampfdruck-Diagramm
einer
Ventilmaschine mit Kondensation!
Überdruck im Kessel = 9 Atm.

Fig. 16 b.

Diese Zahl geteilt durch zehn ergibt den mittleren Druck im Zylinder in Millimeter, die durch den Maßstab der Indikatorfeder nochmals geteilt werden muß, um den Wert des mittleren Dampfdrucks im Zylinder zu erhalten.

Dampfdruck-Diagramme einer Verbund Maschine'

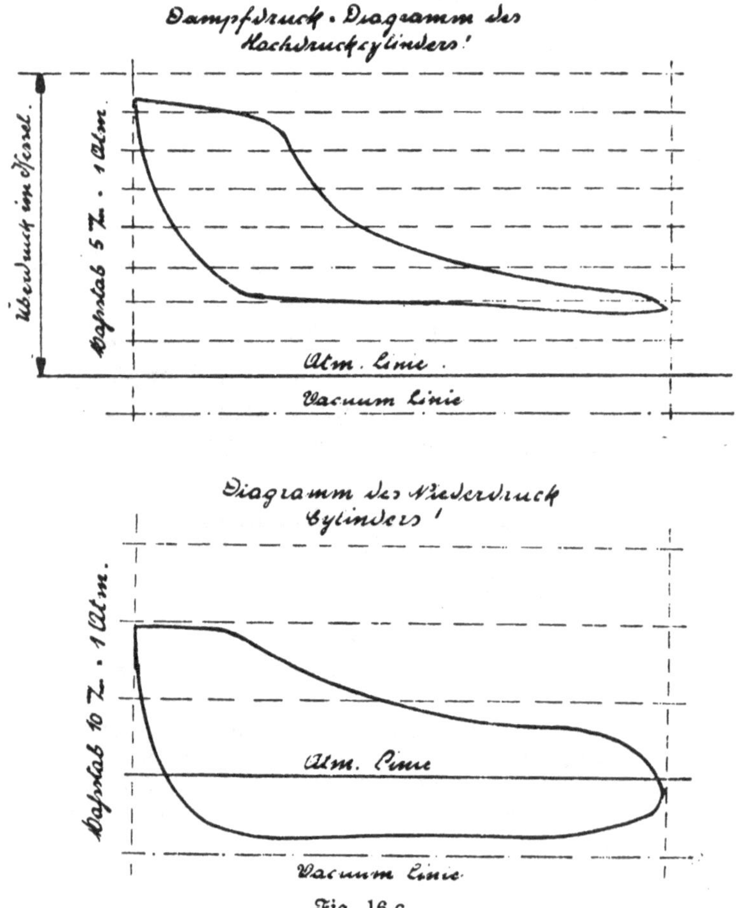

Fig. 16 c.

In diesem Falle erhält man den mittleren Dampfdruck auf den Kolben zu — 3,1 Atmosphären, und zwar bei einem Hingang des Kolben. Angenommen, ein Diagramm auf der anderen Seite des Kolben hätte auf dieselbe Weise gemessen, nur 3 kg, auf den Quadrat-Zentimeter Kolbenfläche ergeben, oder 3 Atmosphären, so muß aus diesen beiden Ergebnissen wieder ein Mittel genommen werden. Im allgemeinen kann man am besten wieder aus einer Reihe von Diagrammen, natürlich bei derselben Belastung der Maschine, das Mittel nehmen. Man erhält also auf diese Weise nur den mittleren Druck auf den Kolben, den man dann zu einer Berechnung der sogenannten indizierten Arbeitsleistung der Maschine benutzt, was auf folgende Weise geschehen kann. Unter Atmosphärendruck verstehen wir den Druck auf eine Quadratzentimeter Oberfläche. Um also den gesamten Druck auf einen Kolben zu berechnen, haben wir die Oberfläche desselben, nach Abzug der Querschnitte der Kolben- oder Führungsstange (im Mittel) zu berechnen. Angenommen, der Kolben oder der Zylinder habe einen Durchmesser von 70 cm, so würde sich hieraus eine Kolbenoberfläche (oder Querdurchschnittsfläche des Zylinders) von 3848,45 qcm ergeben. Die Kolbenstange habe einen Durchmesser von 10 cm, die Führungsstange denselben, so ergibt sich nach Abzug des Querschnitts der Kolbenstange, eine nutzbare Oberfläche des Kolbens zu 3770 qcm. Der gesamte Druck, bei einem Hingang des Kolbens, auf die nutzbare Oberfläche der Kolbens berechnet sich also zu: 3 × 3770 = ~ 11 310 kg.

Da die Arbeitsleistung der Dampfmaschine ein Produkt aus dem berechneten Druck und der Kolbengeschwindigkeit ist, so haben wir noch die Kolbengeschwindigkeit zu berechnen und diese mit dem Druck zu multiplizieren. Unter der Kolbengeschwindigkeit verstehen wir den Weg des Kolbens, den derselbe in 1 Sekunde zurücklegt. Es ist von vornherein klar, daß die Zahl, welche wir erhalten, nur ein Mittel der jeweiligen und veränderlichen Geschwindigkeit des Kolbens sein kann, denn die Kolbengeschwindigkeit ist ungefähr in der Mitte seines Hubes am größten, in den toten Punkten am kleinsten.

Man berechnet nun die Kolbengeschwindigkeit auf folgende Weise:

Angenommen, die Maschine habe eine Umdrehungszahl ihrer Kurbel gleich 100 in der Minute, dann legt der Kolben bei jeder Umdrehung der Kurbel seinen Weg, also Hin- und Hergang, gleich dem doppelten Hub zurück. Der Hub sei gleich 0,7 m, dann legt der Kolben in der Minute $2 \times 0{,}7 \times 100$ m zurück, würde also in der Sekunde

$$\frac{2 \times 0{,}7 \times 100}{60} = 1{,}166 \text{ Meter}$$

Geschwindigkeit besitzen.

Die Arbeitsleistung der Maschine berechnet sich danach zu:

$1{,}166 \times 11\,310$ kgm $= 13\,187{,}5$ kgm $= 175{,}8$ indizierte Pferde und wird allgemein als indizierte Leistung bezeichnet, und zwar bei voller Belastung der Maschine, soweit solche zurzeit möglich ist.

Schließlich wird in der Regel das sogenannte Leergangs-Diagramm der Maschine entnommen, welches entsteht, wenn sämtliche Arbeitsmaschinen abgehängt sind, und nur die Transmissionen mit den unvermeidlich damit zusammenhängenden Betrieben von der Maschine bewegt werden, und zwar bei der gleichen Tourenzahl, die bei der vollen Belastung der Maschine maßgebend oder vorgeschrieben war.

Auf diese Weise läßt sich ermitteln, welche Arbeitsleistung der Dampfmaschine zuzutrauen ist, und die Leistung der Arbeitsmaschinen.

Was sonst noch aus solchen Dampfdruck-Diagrammen zu ersehen ist, kann an dieser Stelle nur kurz angedeutet

Was die Dampfverteilung betrifft, so läßt sich sowohl die Füllung wie die Größe der Expansion, die Art der Ausströmung, Größe der Kondensation, Kompression und Einströmung aus den Diagrammen ersehen, wozu freilich einige Uebung und theoretisches Verständnis notwendig ist, namentlich bei Verbundmaschinen, deren Diagramme, um sie miteinander in Beziehung zu bringen, eine Umwandlung erfahren müssen. Maschinisten, die sich speziell hierüber unterrichten wollen, machen wir auf solche Werke aufmerksam, die besonders eingehend die Untersuchung und Berechnung der Dampfdruckdiagramme als ihre Aufgabe ansehen.

Auch die Berechnung des Dampfverbrauchs aus den Diagrammen bedarf besonderer theoretischer Erwägungen, weshalb wir im Rahmen unseres Buches nicht näher darauf eingehen können. Im folgenden soll nur noch an einem Diagramm gezeigt werden, woraus man die Füllungen, den Füllungsgrad, die Größe der Expansion, Kompression etc. ermessen kann. Zu diesem Zweck soll das Diagramm einer Maschine mit Kondensation dienen.

Das Verhältnis des ganzen Kolbenhubes zur Länge der Füllung nennt man den Expansionsgrad oder auch das Expansionsverhältnis, so daß man im vorliegenden Falle aus dem Diagramm eine 4fache Expansion erhält. Dagegen nennt man umgekehrt das Verhältnis der Länge der Füllung zur Länge des Hubes den Füllungs-

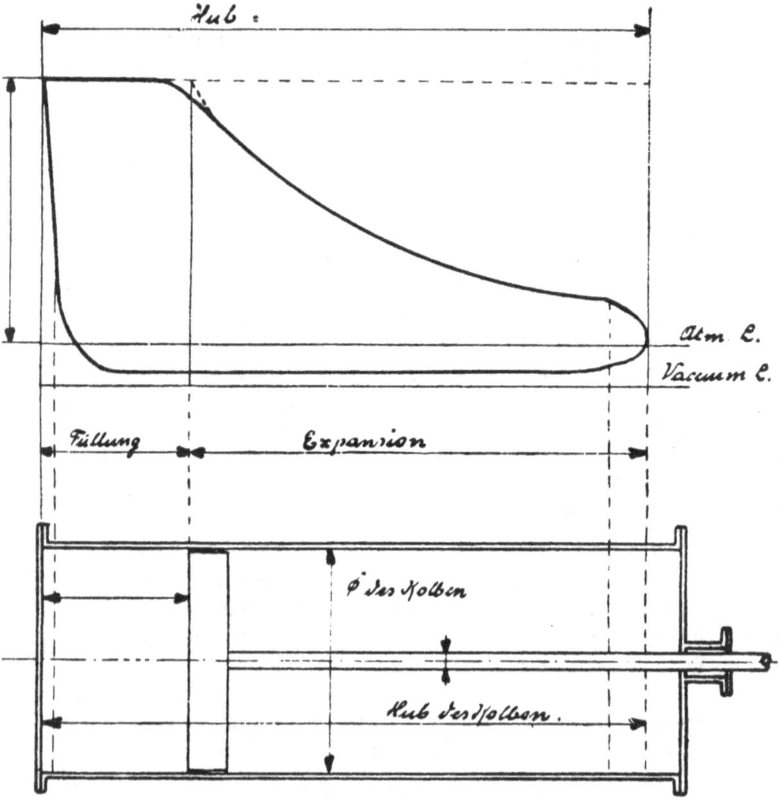

Fig. 16 d.

grad, in diesem Falle also ¼ Füllung nennen würde, obgleich die Expansion durch die Vorausströmung des Dampfes etwas gestört wird, ebenso wie die Kompression durch eine etwa angeordnete Voreinströmung. Man unterscheidet also auch hier die Volldruckarbeit des Dampfes oder die Periode des vollen Dampfdruckes von der Expansionsarbeit des Dampfes während der Expansionsperiode.

Die Arbeit der Kompressions-Periode ist natürlich negativ, ebenso wie überhaupt die Arbeit des Gegendruckes auf der dem Dampfdruck entgegengesetzten Seite des Kolbens, und ist bei einer Maschine ohne Kondensation natürlich größer als bei einer solchen Maschine, die mit Kondensation arbeitet. Der Vorteil der letzteren geht aus den Diagrammen besonders klar hervor.

Daß der Druck, mit welchem er in den Dampfzylinder eintritt, stets etwas niedriger ist, als das Manometer am Kessel selbst anzeigt, ist der Grund, weshalb man den Kesseldruck in der Regel etwas höher hält, damit der Admissionsdruck während der Füllung des Dampfzylinders nicht zu tief sinkt, was namentlich bei solchen Dampfkesseln notwendig ist, die nur einen kleinen Dampfraum besitzen. Was nun schließlich den praktischen Wert solcher Untersuchungen mit dem Indikator betrifft, so kann man nicht umhin, anzuerkennen, daß es diesen Arbeiten zu verdanken ist, den großen Nutzen der Expansion, Kondensation und namentlich auch der Ueberhitzung des Damfes nachgewiesen zu haben, abgesehen davon, daß die Diagramme in vielen Fällen Fehler der Dampfverteilung aufdecken, die leicht abgeändert werden können.

Die Steuerung. Als Steuerung einer Dampfmaschine bezeichnen wir diejenige Vorrichtung, durch welche der Eintritt des Arbeitsdampfes in den Zylinder und der Austritt des verbrauchten Dampfes aus demselben bewerkstelligt wird. Die Steuerung wird auch Dampfverteilung und das Steuerungsorgan dem entsprechend Dampfverteiler genannt. Die Dampfverteilung wird durch Schieber, Hähne und Ventile bewirkt, und hiernach unterscheidet man eine Schieber-, Hahn- und Ventilsteuerung.

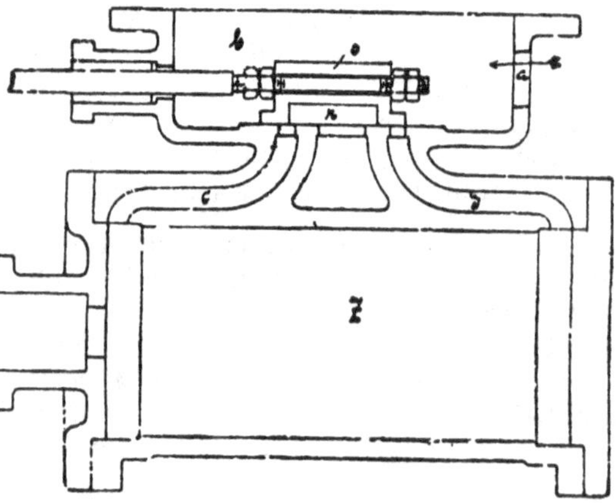

Fig. 17.

Die älteste Steuerungsvorrichtung ist die sogenannte einfache Schiebersteuerung. Dieselbe ist in der Abbildung Fig. 17 im Durchschnitt dargestellt. Der bei a einströmende Kesseldampf gelangt in den Raum b, den sogenannten Schieberkasten. Aus diesem soll er abwechselnd durch die Kanäle c und d in den Zylinderraum Z treten und dadurch den Kolben abwechselnd hin- und hertreiben. Es muß somit der Dampfzutritt so geregelt werden, daß wenn frischer Kesseldampf durch den Kanal c in den Zylinder eintritt, der gebrauchte Dampf durch den Kanal d seinen Austritt findet und umgekehrt. Diese Dampfverteilung wird durch den Schieber s bewirkt.

Der Raum r unterhalb des Schiebers s heißt der Auspuffraum. Derselbe steht mit der freien Luft oder mit dem Kondensationsraum in Verbindung und ermöglicht die Entfernung des verbrauchten Dampfes.

Die hin- und hergehende Bewegung des Schiebers wird durch ein auf der Kurbelwelle der Maschine sitzendes Exzenter bewirkt. An demselben ist die Exzenterstange befestigt, und die Verbindung der letzteren mit dem Schieber wird durch die Schieberstange vermittelt. Die beiden Stangen, die Exzenterstange und die Schieberstange, bilden zusammen mit dem Exzenter die äußeren Steuerungsorgane. Der Schieber selbst heißt das innere Steuerungsorgan.

Die Einströmungskanäle haben zum Querschnitt ein ungleichseitiges Rechteck. Die kürzere Seite dieses Rechteckes liegt in der Richtung der Schieberbewegung. Man nennt sie die Breite des Kanales. Diese Form der Kanalöffnung ermöglicht es, die Kanäle durch die Schieber rasch vollständig zu öffnen und zu schließen, und dadurch ein Drosseln des einströmenden Dampfes tunlichst zu verhüten. Die Schieberflächen sind breiter als die Einströmungskanäle. In der Mittelstellung des Schiebers verschließen die Flächen nicht nur die Kanäle, sondern greifen nach beiden Seiten noch über die Kanalöffnung hinaus. Das Stück, um welches eine Schieberfläche die Kanalöffnung nach dem Endpunkt des Schiebers, d. h. auf der dem Auspuffraum entgegengesetzten Seite hin überschreitet, heißt die äußere Ueberdeckung, und das Stück, um welches die Schieberfläche den Steg, d. h. den Raum zwischen Einströmungskanal und Auspuffraum bedeckt, die innere Ueberdeckung.

Schließt nun ein Schieber beim Einströmen des Dampfes den Kanal ab, bevor der Kolben seinen Hub vollendet hat, so tritt Expansion des im Zylinder eingeschlossenen Dampfes ein. Schließt auf der andern Seite der Schieber beim Ausströmen des verbrauchten Dampfes den Ausströmungskanal vor Vollendung des Kolbenhubes ab, so wird der im Zylinder zurückgebliebene Dampf komprimiert. Diese Kompression des Dampfes übt zwar einen Gegendruck auf den Kolben aus und vermindert dadurch die Arbeitsleistung des auf die andere Seite des Kolbens wirkenden frischen Dampfes, sie hat aber den Vorteil, daß der Dampfverlust durch den im Zylinder und in den Dampfkanälen befindlichen toten Raum verringert wird.

Es ist zweckmäßig, daß der Dampfkolben gleich beim Beginn eines Hubes bereits mit vollem Dampfdruck arbeitet. Dazu ist nötig, daß der Einströmungskanal schon im Anfang eines Hubes vollständig geöffnet ist. Um dies zu erreichen, regelt man die Schieberbewegung so, daß der Schieber bei Beendigung des vorhergehenden, also bereits vor Beginn des neuen Hubes den Einströmungskanal schon etwas geöffnet hat. Man sagt in diesem Falle, der Schieber eile vor, und bezeichnet die Größe, um welche er die Einströmungsöffnung freigelegt hat, als das lineare Voreilen des Schiebers. Die Größe dieses Voreilens ist abhängig von der Stellung der Exzenterkurbel, d. h. der Verbindungslinie des Exzentermittelpunktes mit dem Mittelpunkt des den Exzenter umgebenden Kreisringes zu der Hauptkurbel. Man bezeichnet als Voreilungswinkel den Winkel, um welchen der von der Hauptkurbel und der Exzenterkurbel gebildete Winkel größer ist als ein rechter Winkel. Es ist klar, daß die durch das Voreilen des Schiebers bewirkte Einströmung des Dampfes vor Vollendung eines Hubes dem hinter dem Kolben arbeitenden Dampf einen

Gegendruck schafft, jedoch kommt dieser nicht in Betracht, da infolge der Kompression des im Zylinder zurückgebliebenen Dampfes ohnehin ein solcher Gegendruck geschaffen wird. Man erreicht aber auf der andern Seite

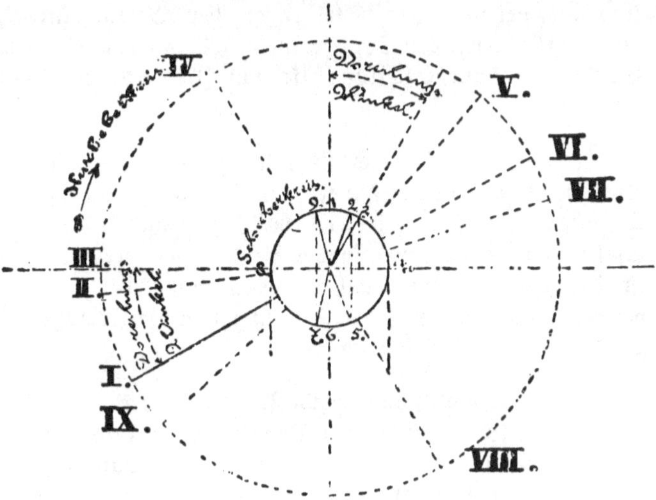

Fig. 18.

durch die Voreinströmung des frischen Dampfes, daß beim nächsten Hub gleich bei Beginn der volle Dampfdruck wirksam ist.

Die durch die Schieberbewegung bewirkte Dampfverteilung läßt sich nun mit Hilfe der in Fig. 18 u. 19 beigesetzten Abbildungen leicht verfolgen. Es werden dabei im ganzen 9 Schieber- und Kolbenstellungen unterschieden. Die Endpunkte der beiden Kurbeln, der Hauptkurbel und der Exzenterkurbel beschreiben bei jeder Umdrehung der Kurbelwelle einen Kreis. Ersterer heißt der Kurbelkreis, letzterer der Schieberkreis. Beide Kreise sind in Fig. 18 gezeichnet, und mit den Zahlen 1—9 sind die verschiedenen Stellungen der Exzenterkurbel, mit I—IX diejenigen der Hauptkurbel angedeutet. Die zugehörige Schieberstellung ist aus Fig. 19 Nr. 1—9 ersichtlich.

Nr. 1: Der Schieber steht in seiner Mittelstellung. Die Strecke a b ist die äußere, die Strecke c d die innere Ueberdeckung. In Fig. 18 hat die Hauptkurbel die Stellung I, die Exzenterkurbel die Stellung 1; demnach ist der Winkel, um welchen die Hauptkurbel gedreht werden müßte, um aus der Stellung I in die Totlage III zu kommen, der Voreilungswinkel.

Nr. 2: Die äußere Schieberkante a deckt sich mit der äußeren Kante b des linken Kanals. Es beginnt somit die Einströmung des Dampfes links in den Dampfzylinder. Die Kurbel hat die Stellung II, und während sie sich von ihr in die Totlage III bewegt, strömt der frische Dampf dem Kolben entgegen.

Nr. 3: Der Schieber hat den Kanal links geöffnet. Die Hauptkurbel steht im toten Punkte in der Stellung III. Die Exzenterkurbel hat die Stellung 3. Der Winkel zwischen den Stellungen 1 und 3 der Exzenterkurbel ist der Voreilungswinkel.

Nr. 4: der Schieber hat den linken Dampfkanal ganz geöffnet. Das Exzenter steht auf seiner äußersten

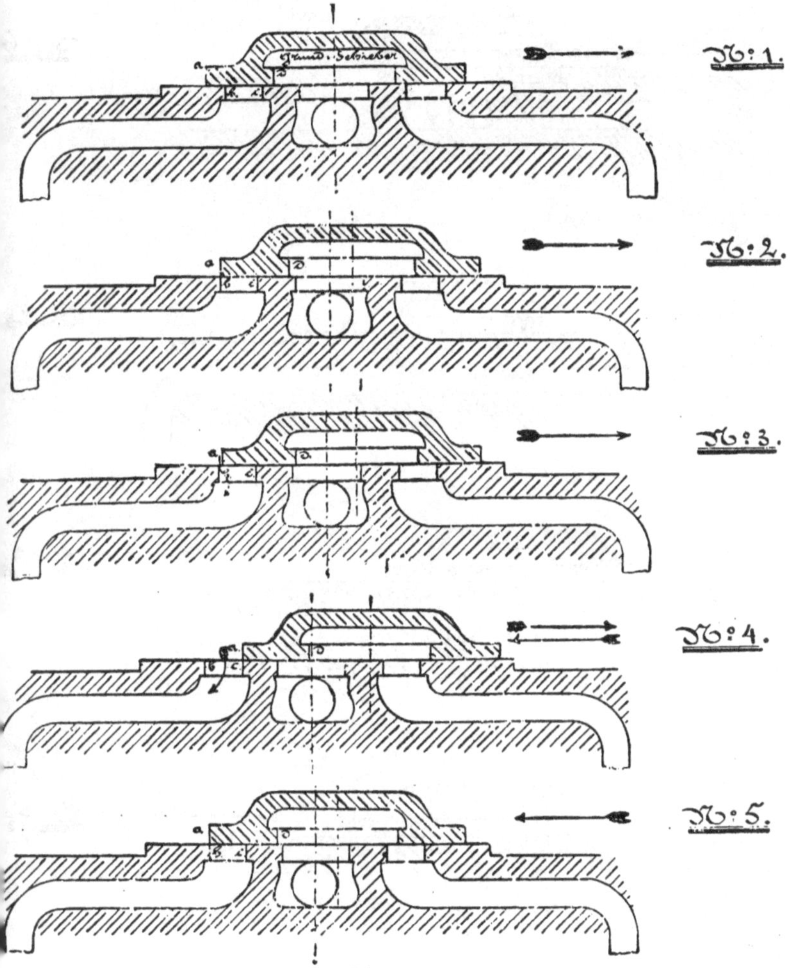

Fig. 19.

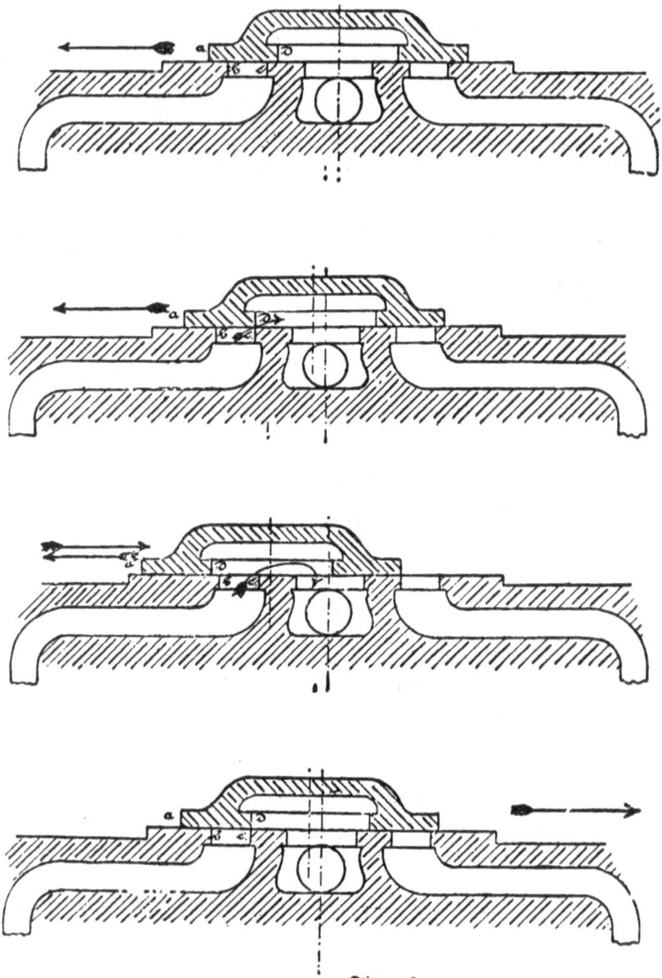

N: 6

N: 7.

N: 8.

N: 9.

Fig. 19.

Stellung rechts. Die Schieberausweichung ist gleich der Exzentrizität des Schiebers. Letztere muß, wie die Figur zeigt, mindestens gleich der Summe aus der äußeren Ueberdeckung und der Kanalbreite bc sein.

Nr. 5: Der Schieber bewegt sich zurück, und der Dampf wird infolge Abschließens des linken Dampfkanals abgeschnitten. Dieser Schieberstellung entsprechen die Stellungen V und 5 der Haupt- bezw. der Exzenterkurbel. Es beginnt links im Zylinder die Expansion des Dampfes. Dieselbe dauert bis zur Schieberstellung Nr. 7.

Nr. 6: Der Schieber ist wieder in seine Mittelstellung gelangt. Der Dampf expandiert im Zylinder.

Nr. 7: Die innere Kante d des Schiebers tritt über die innere Kante c des linken Dampfkanals und stellt dadurch die Verbindung desselben mit dem Ausströmungskanal her. Der Dampf beginnt auszuströmen. Die Hauptkurbel hat die Stellung VII, die Exzenterkurbel die Stellung 7.

Nr. 8: Der Schieber befindet sich in seiner äußersten Stellung links, das Exzenter steht auf seinem toten Punkte in der Stellung 8. Die Hauptkurbel hat die Stellung VIII. Der Dampf strömt voll aus, bis der Schieber sich in der Stellung 9 befindet.

Nr. 9: Der Schieber schließt wieder den Dampfkanal, und dieser bleibt geschlossen, bis der Schieber die Stellung von Nr. 2 wieder erreicht hat, in welcher von neuem die Füllung des Zylinders mit frischem Dampf beginnt. Die Hauptkurbel hat die Stellung IX, und von hier bis zur Stellung II der Kurbel wird der Dampf komprimiert.

Aus dem Vorstehenden ergibt sich, daß die einfache Schiebersteuerung auch eine Expansion des Dampfes zuläßt. Es sind jedoch nicht alle Füllungsgrade bei dieser Steuerungsart zulässig. Je geringer der Füllungsgrad sein soll, um so größer muß die äußere Ueberdeckung sein. Dies hat zur Folge, daß bei geringer innerer Ueberdeckung der Dampf zu rasch ausströmt, und bei großer innerer Ueberdeckung zu früh abgeschlossen und deshalb stark komprimiert wird. Man pflegt deshalb bei den mit geringer Füllung arbeitenden neueren Expansionsmaschinen Doppelschieber anzuwenden. Es sind dadurch verschiedene Steuerungsarten möglich, von denen die bekanntesten und gebräuchlichsten die Meyersche, Ridersche und die Farcotsche Steuerung sind.

Folgendes ist über den Einfluß der Dimensionen der Schiebersteuerung auf die Dampfverteilung besonders zu bemerken:

1. Eine größere äußere Ueberdeckung bewirkt einen späteren Dampfeintritt und eine frühere Expansion. Eine kleinere äußere Ueberdeckung dagegen bewirkt einen früheren Dampfeintritt und eine spätere Expansion.

2. Bei einer größeren inneren Ueberdeckung beginnt die Ausströmung später, die Kompression dagegen früher. Bei einer kleineren inneren Ueberdeckung beginnt die Ausströmung früher, die Kompression später.

3. Je größer unter sonst gleichen Umständen die Exzentrizität gemacht wird, desto schneller werden die Dampfkanäle geöffnet und geschlossen, und desto länger bleiben dieselben ganz offen. Außerdem beginnen bei größerer Exzentrizität der Gegendampf und die Ausströmung früher, und die Kompression früher.

Bei ein und derselben Exzentrizität und denselben äußeren und inneren Ueberdeckungen geschieht das Oeffnen und Schließen der Dampfkanäle um so schneller und bleiben die Kanäle um so länger ganz offen, je kleiner die Kanalweite ist und je größer die Breite der Dampfkanäle.

4. Wird der Voreilwinkel vergrößert oder verkleinert, so wird unter sonst gleichen Umständen die ganze Dampfverteilung so gegen die toten Punkte der Kurbel und des Kolbens verschoben, daß alle Perioden im ersten Falle früher, im anderen Falle aber später eintreten.

Der Trickſche Kanalschieber. Dieser ist deshalb bemerkenswert, weil er eiue Verbesserung des gewöhnlichen Muschelschiebers insofern bedeutet, daß durch die Anordnung eines Hilfskanals er den Dampfeintritt auch von der entgegengesetzten Seite des Schiebers zuläßt, und also die Eröffnungsweite des Zuströmungskanals verdoppelt, wie aus der Zeichnung Fig. 19a ersichtlich ist. Im Uebrigen gilt alles, was über den Einfluß der äußeren Ueberdeckung und Größe des Voreilungswinkels gesagt ist.

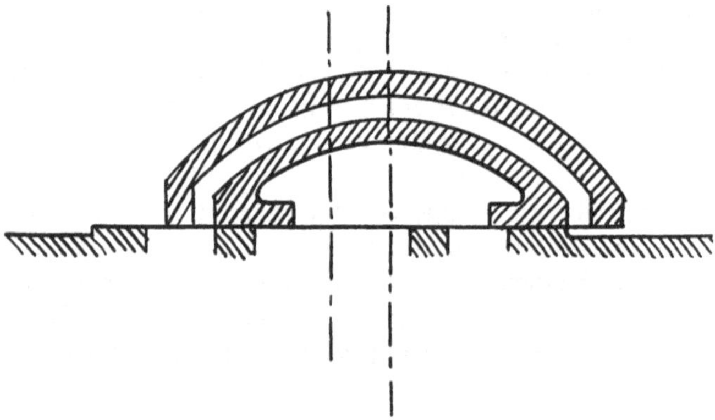

Fig. 19a.

§ 15. Die Meyersche Steuerung. Dieselbe ist seit dem Jahre 1842 bekannt und seit dieser Zeit außerordentlich verbreitet worden. Die Abbildung Fig. 20 zeigt dieselbe im Längsschnitte. Wir bemerken einen unteren oder Grundschieber a und einen oberen oder Expansionsschieber b. Letzterer bewegt sich auf dem Spiegel des Grundschiebers und schließt nach dem Grade der Füllung

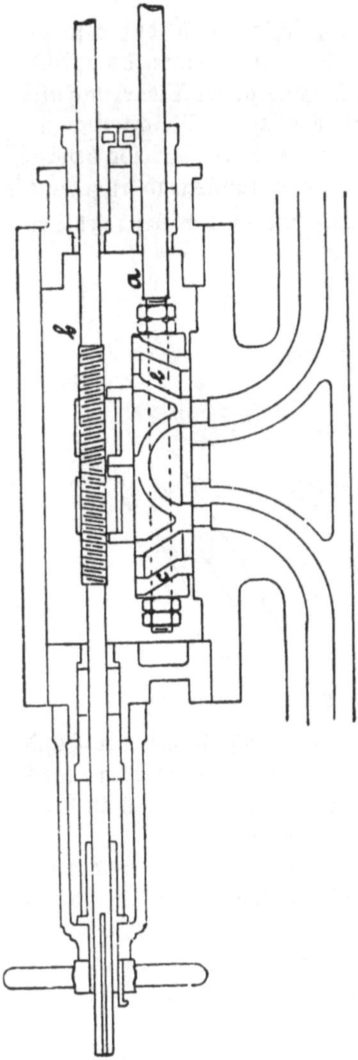

Fig. 20

die Kanäle c und e desselben früher oder später ab. Um die Maschine mit veränderlicher Füllung arbeiten lassen zu können, müssen die beiden Platten des Expansionsschiebers verstellbar sein. Dies wird durch zwei auf der Schieberstange befindliche Schraubengewinde mit entgegengesetztem Gewindegang bewerkstelligt. Die an den Schieberplatten befestigten Hülsen, welche die Schieberstange aufnehmen, tragen auf der Innenseite ebenfalls ein Schraubengewinde.

Wird nun die Schieberstange mit Hilfe eines am hintern Ende derselben angebrachten Handrades gedreht, so werden die beiden Schieberplatten je nach der Drehrichtung der Schieberstange von einander entfernt oder einander genähert. Im ersteren Falle werden die Kanäle c und e rascher, im letzteren später abgeschlossen, so daß also im ersteren Falle geringere, im letzteren stärkere Dampffüllung erfolgt. Es ist leicht, mit Hilfe dieser Steuerung alle Füllungsgrade von 0—1 zu erreichen. Gleichzeitig mit dem Handrade wird ein Zeiger vor einer Scheibe bewegt und durch diesen der jedesmalige Füllungsgrad angezeigt.

Die Meyersche Steuerung hat in der beschriebenen

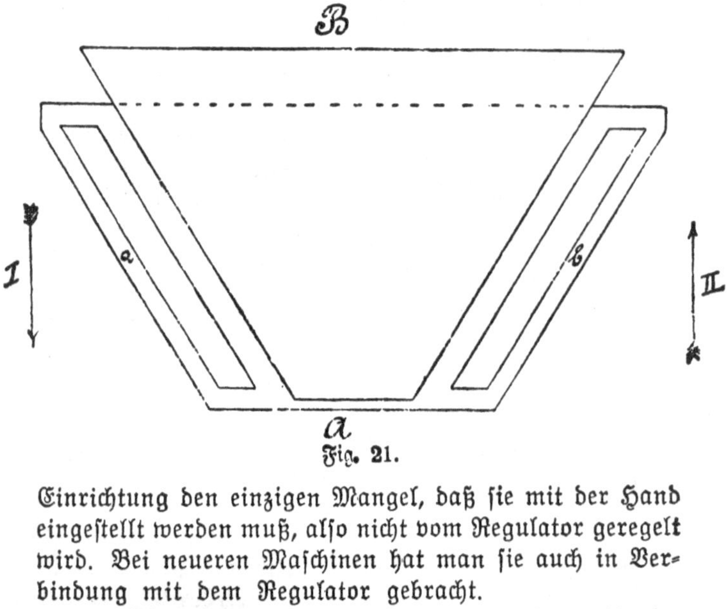

Fig. 21.

Einrichtung den einzigen Mangel, daß sie mit der Hand eingestellt werden muß, also nicht vom Regulator geregelt wird. Bei neueren Maschinen hat man sie auch in Verbindung mit dem Regulator gebracht.

Die Ridersche Steuerung benutzt wie die vorhin beschriebene Meyersche zwei Schieber, von denen jeder durch ein besonderes Exzenter bewegt wird. Die Wirkungsweise dieser Steuerung läßt sich am einfachsten aus der Abbildung Fig. 21 erkennen. Unter A und B denken wir uns vorerst zwei aufeinanderliegende ebene Platten. A soll den Grundschieber vorstellen, und dementsprechend sind a und b die Dampfeinströmungskanäle desselben. Auf dem Spiegel des Grundschiebers bewegt sich der dreieckige oder trapezförmige Expansionsschieber B. Es ist nun klar, daß die Platte B bei ihrer hin- und hergehenden Bewegung die Kanäle a und b abwechselnd schließen und öffnen wird. Jemehr man nun die Platte B in der Richtung des Pfeiles I nach unten bewegt, um so eher und schneller erfolgt das Schließen der Kanäle a und b. Wird umgekehrt die Platte B in der Richtung des Pfeiles II nach oben geschoben, so werden die Kanäle a und b später und langsamer geschlossen. Werden nun die Schieber a und b in der Form von ebenen Platten verwandt, so ist eine Vorrichtung nötig, um die Platte B in der Richtung der Pfeile I und II hin und her zu bewegen. Dazu dient alsdann eine auf dem Rücken der Platte B angebrachte Zahnstange, in welche ein kleines Zahnrad eingreift. Die Welle dieses Zahnrades steht in Verbindung mit dem Regulator, und somit wird die Stellung des Schiebers B und damit der Füllungsgrad der Maschine von dem Regulator geregelt. Man kann aber auch die Platten A undB ganz oder halbzylindrisch rollen. Die Kanäle a und b werden alsdann Schraubenlinien. Statt der horizontalen Bewegung des Schiebers B in der Richtung der Pfeile I und II ist jetzt eine Drehung der zylindrischen Fläche um ihre Achse erforderlich, um einen rascheren bezw. langsameren Verschluß der Einströmungskanäle zu bewirken und damit verschiedene Füllungsgrade zu erzielen. Diese Drehung des Expansionsschiebers erfolgt ebenfalls selbsttätig durch den Regulator. Wegen der trapezförmigen Gestalt des zu einer ebenen Platte ausgebreiteten Expansionsschiebers wird die Ridersche Steuerung auch Trapezsteuerung genannt.

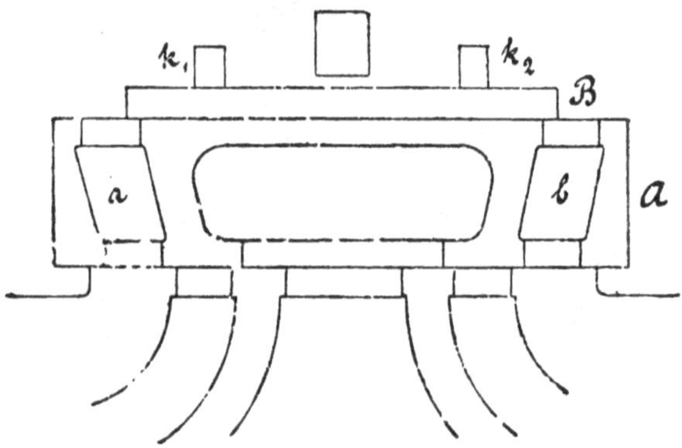

Fig. 22.

Die Farkotsche Steuerung Fig. 22 hat ebenfalls einen Grundschieber A und einen Expansionsschieber B, jedoch nur der erstere wird durch ein besonderes Exzenter bewegt. Der Expansionsschieber liegt auf dem Grundschieber einfach auf und wird durch den Dampfdruck auf demselben festgehalten. Infolge der Reibung zwischen den beiden Schieberflächen wird der Schieber B von dem Schieber A bei der Bewegung des letzteren mitgenommen. Er heißt deshalb auch Schleppschieber, und die Steuerung hiernach Schleppschiebersteuerung. Diese erfolgt nun dadurch, daß die beiden auf B befestigten Vorsprünge oder Knaggen k_1 und k_2 gegen den in der Mitte des Schieberkastens befindlichen Daumen stoßen und dadurch den Schieber B zum Stillstand bringen. Dadurch erfolgt alsbald ein Schließen der Kanäle a bezw. b. Je früher das Festhalten des Schleppschiebers bei einem Hub erfolgt, um so rascher erfolgt der Dampfabschluß, und um so geringer ist dementsprechend der Füllungsgrad der Maschine. Um nun die Bewegung, oder besser gesagt, das Festhalten des Schiebers B zu regeln, gibt man dem Daumen die in Fig. 23 dargestellte Form. Es ist ersichtlich, daß die Knaggen k_1 bezw. k_2 um so eher gegen den Daum stoßen werden, jemehr die Arme n_1 und n_2 desselben sich in die Richtung der Schieberbewegung stellen. Die Stellung des Daumens wird durch Drehung seiner Welle bestimmt, und diese Drehung erfolgt selbsttätig durch die Maschine bezw durch den Regulator.

Fig. 23.

Die Schiebersteuerungen sind die verbreitetsten Steuerungsarten. Es erklärt sich dies aus ihrer Einfachheit und leichten Instandhaltung. Wird ein Schieber undicht, so kann er durch Nachschleifen leicht wieder dicht gemacht werden. Bei einem Bruch oder einer Beschädigung ist es weder schwierig noch kostspielig, ihn auszuwechseln. Die Schieber haben jedoch sämtlich den Nachteil, daß sie eine starke Reibung verursachen und zu deren Ueberwindung viel Arbeit verbrauchen. Dieser Arbeitsverlust wird um so bedeutender, je größer die reibenden Flächen der Schieber, also je größer die Maschinen selbst sind. Man findet deshalb hauptsächlich bei größeren Dampfmaschinen die

Schiebersteuerung durch die Hahn- oder Ventilsteuerung ersetzt. Ein weiterer Vorteil dieser Steuerungsart liegt

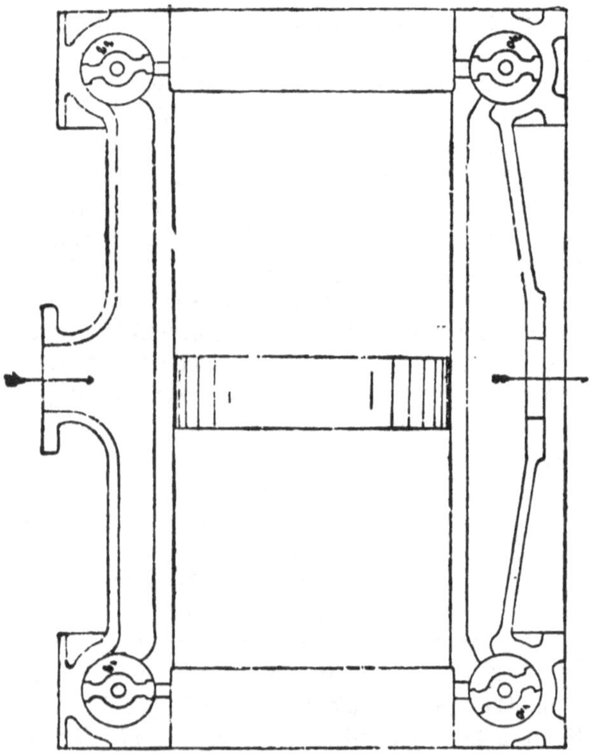

Fig. 24.

auch darin, daß der Dampf beim Einströmen nicht gedrosselt wird, was bei einer Schiebersteuerung nie vollständig zu vermeiden ist. Ferner kann man die schädlichen Räume ganz bedeutend verringern.

§ 16. **Die Hahnsteuerung.** Bei der Hahnsteuerung sind an den beiden Enden des Zylinders je zwei Hähne angebracht. Die Abbildung Fig. 24 zeigt den Durchschnitt eines mit diesen vier Hähnen ausgestatteten Zylinders. Die Hähne sind entweder zylindrisch oder laufen schwach kegelförmig zu und machen in ihren Büchsen eine hin- und hergehende Drehbewegung. Mit Rücksicht auf ihre Gestalt und Arbeitsweise nennt man sie auch Drehschieber. Von den vier Hähnen dienen zwei auf derselben Zylinderseite gelegene zum Einströmen, die beiden auf der entgegengesetzten Zylinderseite gelegene zum Ausströmen des Dampfes. In der Abbildung, in welcher durch die beigesetzten Pfeile das Ein- und Ausströmen des Dampfes angedeutet ist, tritt also der Dampf durch die Hähne e_1 und e_2 ein und durch die Hähne a_1 und a_2 aus. Diese Regelung der Ein- und Ausströmung hat zur Folge, daß nur die kurzen Strecken der Einströmungskanäle zwischen den Hähnen und dem Zylinder als tote Räume verbleiben. Die bekannteste und verbreiteste Hahnsteuerung ist die unter dem Namen Corliß-Steuerung bekannte Steuerungsart. Die vier Hähne erhalten hierbei ihre Bewegung von einer gemeinsamen Scheibe S (Fig. 25), welche durch ein auf der Kurbelwelle der Maschine sitzendes Exzenter in eine hin- und hergehende Drehbewegung gesetzt wird. Von dieser Scheibe gehen die vier Führungsstangen E_1, E_2, A_1, A_2 aus und sind mit kurzen Winkelhebeln 1, 2, 3, 4 gelenkartig verbunden. Durch diese Hebelverbindung wird die Bewegung der Scheibe S auf die Hähne übertragen, so daß letztere abwechselnd geöffnet und geschlossen werden.

Die Corliß-Steuerung ist gewöhnlich als Präzisionssteuerung eingerichtet. Man versteht hierunter eine Steuerung, bei welcher die Dampfabschlußvorrichtung in dem Augenblicke, in welchem der Dampf abgesperrt

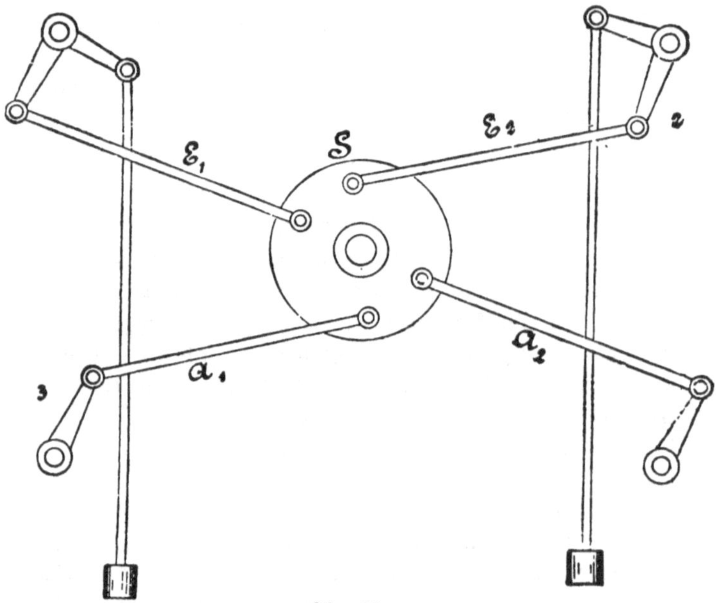

Fig. 25.

werden soll, aus ihrer Verbindung mit der Maschine losgelöst und durch Einwirkung einer besonderen Kraft, meistens durch ein Gewicht oder durch eine Feder, gezwungen wird, den Dampfabschluß in möglichst kurzer Zeit zu bewirken. Wegen dieses raschen „präzisen" Abschlusses hat die Vorrichtung den Namen Präzisionssteuerung erhalten. Das Auslösen der Dampfabschlußvorrichtung wird dabei vom Regulator besorgt und tritt je nach dem augenblicklichen Kraftbedarf früher oder später ein.

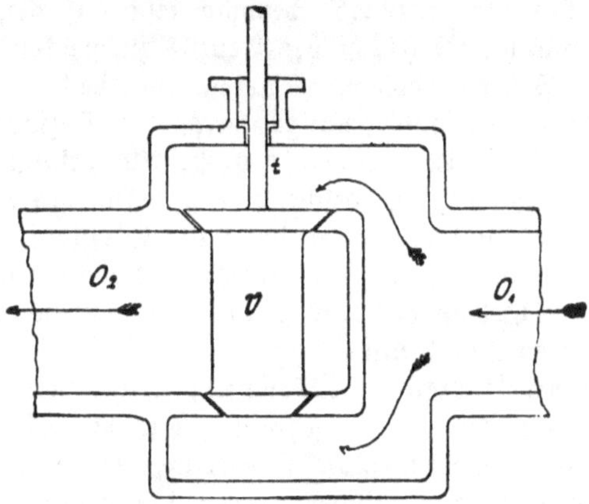

Fig. 26.

§ 17. Die Ventilsteuerung. Bei der Ventilsteuerung erfolgt die Dampfverteilung im Zylinder durch Ventile, welche von der Maschine selbsttätig geöffnet und geschlossen werden. Wenn nun solche Ventile auf der einen Seite unter dem vollen Dampfdruck ständen, so würde zum Oeffnen derselben eine unverhältnismäßig große Kraft erforderlich sein. Um dies zu verhüten, wendet man sogenannte Doppelsitzventile an, d. h. Ventile, welche auf zwei entgegengesetzten Seiten der Dampfwirkung ausgesetzt sind, so daß der Dampfdruck sich wenigstens teilweise ausgleicht. In Fig. 26 ist ein solches Ventil im Durchschnitt gezeichnet. Der Ventilkörper v hat oben und unten kegelförmig abgeschliffene Flächen, mit welchen er aufruht und den Dampfabschluß bewirkt.

Das Ventil befindet sich in einem Kasten mit zwei Oeffnungen O_1, O_2. Gegen O_2 hin ist der Kasten jedoch durch das Ventil abgeschlossen. Durch O_1 tritt der frische Kesseldampf ein. Derselbe vermag jetzt auf die obere und auf die untere Fläche des Ventils zu drücken. Wird nun das Ventil gehoben, so dringt von beiden Seiten der Dampf ein und gelangt durch die Oeffnung O_2 zum Zylinder. Das Heben des Ventils erfolgt durch die Führungsstange t, welche in der Wand des Kastens durch eine Stopfbüchse abgedichtet ist. Die Kraft, welche zum Heben des Ventils erforderlich ist, hängt ab von dem Unterschied in der Ausdehnung des oberen und des unteren Ventilabschlusses.

Bei den neueren Ventilsteuerungen sind vier Ventile in ähnlicher Anordnung gebraucht, wie die Hähne bei der vorhin beschriebenen Hahnsteuerung. Bei einem horizontal gelagerten Zylinder dienen die beiden an der Oberseite des Zylinders befindlichen Ventile zum Einlassen, die beiden unten befindlichen zum Auslassen des Dampfes. Dadurch erreicht man wieder eine Verringerung des schädlichen toten Raumes. Die meisten Ventilsteuerungen sind Präzisionssteuerungen. Eine solche ist in der Abbildung Fig. 27 angedeutet. Das Schließen der Ventile erfolgt sonst durch Spiralfedern, hier bleibt jedoch die Dampfabschlußvorrichtung in steter Verbindung mit dem Mechanismus der Maschine. Man nennt in diesem Falle die Steuerung eine zwangläufige. Zu diesen gehört auch die in der neuesten Zeit häufig angewandte Collmannsche Ventilsteuerung.

Für Maschinen mit großer Tourenzahl ist die Ventilsteuerung nicht vorteilhaft, weil bei diesen die Ventile durch die raschen Schläge so sehr leiden.

Ebenso wie bei Rundschiebersteuerungen kann man auch bei Ventilsteuerungen mit Ausklinkerbewegung unterscheiden die zwangsweise Eröffnung der Einlaßventile, deren Auslösung durch den sogenanten Ausklinker und den Schluß derselben durch Federkraft, wie bei der Sulzer-Ventil-Steuerung. Man unterscheidet deshalb Ventilsteuerungen mit Ausklinker, und solche, bei denen diese fehlen, und die Ventile zwangsläufig geöffnet und geschlossen werden.

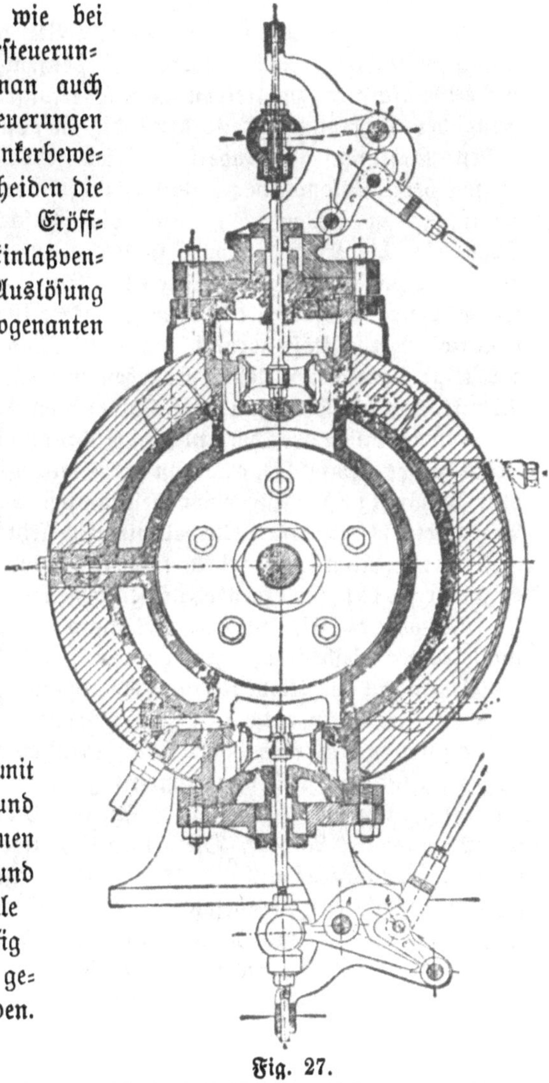

Fig. 27.

§ 18. Die Umsteuerung. Bei den meisten Dampfmaschinen, insbesondere bei denjenigen, welche Arbeitsmaschinen zu treiben haben, erfolgt die Bewegung der Schwungradwelle beständig in einer und derselben Richtung. In anderen Fällen jedoch, beispielsweise bei Lokomotiven, Schiffsmaschinen, Fördermaschinen in Bergwerken, muß die Maschine in der Lage sein, die Kurbel sowohl in der einen als auch in der anderen Richtung zu drehen. Eine Vorrichtung, welche diese Aenderung der Bewegungsrichtung jederzeit gestattet, wird Umsteuerung genannt. Man wird eine derartige Vorrichtung leicht verstehen können, wenn man bedenkt, daß die Bewegung des Kolbens im Dampfzylinder nach der einen oder der anderen Richtung von der Einströmung des Dampfes, also von der Stellung des Schiebers abhängig ist. Bei einer bestimmten Stellung der Exzenterkurbel zur Hauptkurbel wird sich letztere in einer bestimmten Richtung drehen. Verstellen wir jetzt das Exzenter so, daß die Exzentrizität entgegengesetzt gerichtet ist, so erfolgt die Ein- und Ausströmung des Dampfes in umgekehrter Reihenfolge gegen vorher, und demzufolge die Bewegung des Kolbens und die Drehung der Hauptkurbel ebenfalls im entgegengesetzten Sinne. Es handelt sich folglich darum, eine Vorrichtung anzubringen, um die Exzentrizität des Schieberexzenters zu verstellen. Das erreicht man durch die sogenannte Kulisse. Die Abbildung Fig. 28 zeigt das Nähere. Die beiden Exzenter E_1 und E_2 sitzen nebeneinander auf der Kurbelwelle. Ihre Exzentrizitäten sind entgegengesetzt gerichtet. Die Exzenterstangen s_1 und s_2 sind bei t_1 und t_2 mit der Kulisse k verbunden. Letztere kann nun durch die Hebelverbindung h_1, h_2, h_3, h_4 gehoben und gesenkt werden. In jeder

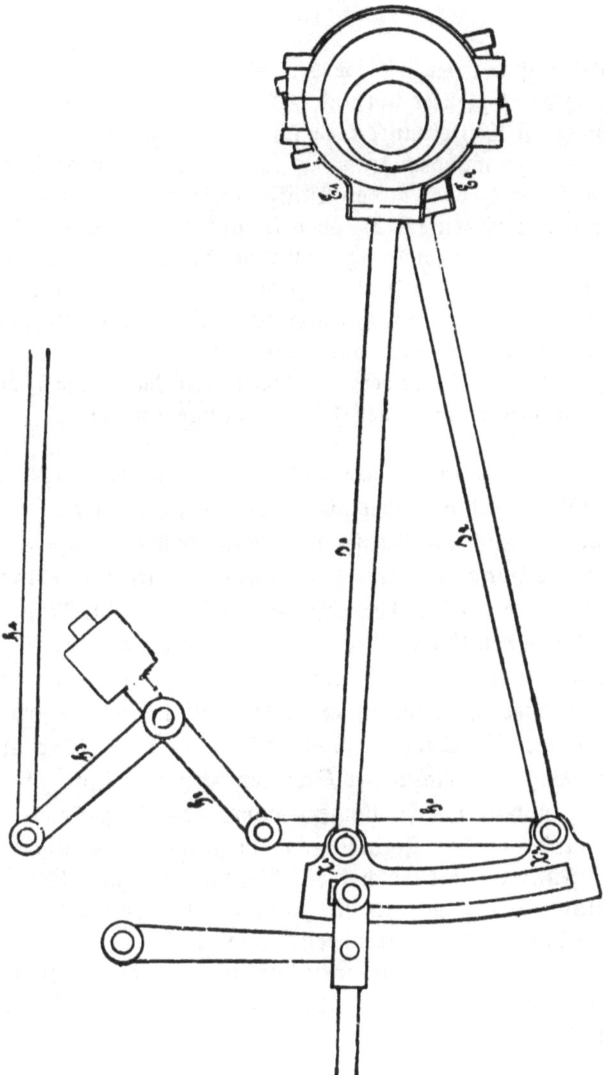

Fig 28

Stellung der Kulisse werden die Endpunkte t_1 und t_2 durch das Exzenter hin und her bewegt, so daß die Kulisse um ihren Mittelpunkt eine schwingende Bewegung ausführt. Je nachdem nun der Kopf a der Schieberstange dem Ende t_1 oder t_2 der Kulisse anliegt, wird die Bewegung des Exzenters E_1 oder E_2 auf den Schieber übertragen. In der Stellung, in welcher die Kulisse in der Abbildung dargestellt ist, bewegt das Exzenter E_1 den Schieber. Soll nun das Exzenter E_2 die Schieberbewegung übernehmen, so wird durch die Hebelverbindung h_1, h_2, h_3, h_4 die Kulisse soweit verschoben, daß das Ende t_2 derselben den Kopf a der Schieberstange angreift.

Die Bewegung der Kulisse dient ferner dazu, die Maschine mit veränderlicher Füllung arbeiten zu lassen. Wird nämlich die Kulisse so gestellt, daß der Kopf a der Schieberstange in ihrer Mitte, also in ihrem Drehpunkt sich befindet, so steht der Schieber fast still und die Maschine erhält keinen Dampf. Je weiter nun der Kopf der Schieberstange von dem Mittelpunkt der Kulisse nach der einen oder der anderen Seite entfernt ist, um so größer muß die Schieberbewegung ausfallen. Je größer aber der Weg ist, welchen der Schieber bei einem Hub zurückzulegen hat, um so länger dauert das Einströmen des Dampfes in den Zylinder, um so größer wird also auch die Füllung, mit welcher die Maschine arbeitet. Die Expansion des Dampfes im Zylinder, und damit auch die Regelung der Dampfarbeit, erfolgt somit bei diesen Maschinen nicht durch einen selbsttätigen Regulator, sondern durch den Maschinenwärter, welcher die Kulisse zu stellen hat.

Bei der in Fig. 28 wiedergegebenen Stephenson-Kulissen-Steuerung greift die Schieberstange direkt an den Kulissenstein ohne Zwischenglied an, der Stein steht fest, und die Kulisse wird bewegt. Steht die Kurbel im toten Punkt, dann sind die Exzenterstangen entweder gekreuzt oder offen (wie in Fig. 28).

Bei der sog. Umsteuerung von Gooch wird nicht die Kulisse, sondern der Stein bewegt, wie in Fig. 28a gezeigt ist, und die Kulisse selbst ist fest, und nur um einen festen Drehpunkt beweglich.

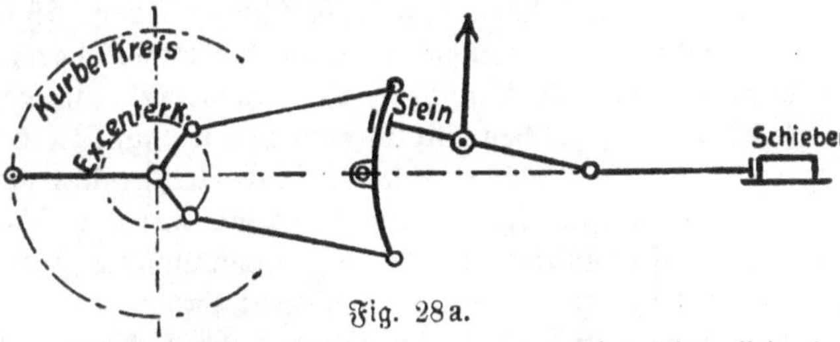

Fig. 28a.

Bei der Allan-Kulissensteuerung wird nicht allein der Stein, sondern durch eine Parallelführung auch zugleich die Kulisse selbst bewegt. Die Bewegung und Umstellung geschieht dadurch doppelt so schnell, die Umsteuerung also plötzlicher, weil der Stein und die Kulisse in entgegengesetzter Richtung sich entgegenkommen oder von einander entfernen. Die veränderliche Expansion oder Füllung wird durch die Veränderung des Schieberhubes und des Voreilungswinkels bei allen Kulissensteuerungen bewirkt. Da nun eine Veränderung des Schieberhubes und Voreilungswinkels nicht allein durch Kulissen bewirkt werden kann, so sind zur Erzielung der veränderlichen Füllung und der Umsteuerungswirkung nur erforderlich, die Exzenterbewegung mit anderen, von bestimmten Punkten des Kurbelmechanismus abgeleiteten Bewegungen zu verbinden. Solche Steuerungen sind die Klugsteuerungen unter anderen; diese besitzen nur ein Exzenter für die Rück- und Vorwärtsbewegung und werden hauptsächlich ihrer Einfachheit wegen auf Dampfschiffen benutzt.

Einteilung der Dampfmaschinen.

§ 19. Die Einteilung der Dampfmaschinen erfolgt nach verschiedenen Gesichtspunkten. Nach dem Dampfdruck, mit welchem die Maschinen arbeiten, unterschied man früher Niederdruck-, Mitteldruck- und Hochdruckmaschinen. Eine Niederdruckmaschine arbeitete mit einem Dampfdruck von 1—2 Atmosphären, eine Mitteldruckmaschine mit einem solchen von 2—4 Atmosphären. War der Dampfdruck im Zylinder größer als 4 Atmosphären, so nannte man die Maschine eine Hochdruckmaschine. Diese Einteilung hat heute kaum noch Bedeutung, da man gegenwärtig, um durch eine weitgehende Expansion die Dampfarbeit nach Möglichkeit auszunutzen, mit möglichst hoher Dampfspannung arbeitet, also ausschließlich Hochdruckmaschinen baut. Man unterscheidet ferner zwischen Kondensations- und Auspuffmaschinen, je nachdem der gebrauchte Dampf in einem besonderen Raum zu Wasser verdichtet wird, oder in die freie Luft entweicht. Strömt in den Zylinder der Maschine während des ganzen Hubes Kesseldampf ein, so heißt die Maschine eine Volldruckmaschine, im Gegensatz zur Expansionsmaschine, welche nur mit einem Bruchteil der vollen Füllung arbeitet. Je nachdem der Zylinder einer Maschine wagerecht oder senkrecht angeordnet ist, heißt die Maschine eine liegende oder eine stehende. Ist die Maschine an einem bestimmten Orte feststehend montiert, so heißt sie eine stationäre. Den Gegensatz dazu bildet die transportable Maschine (Lokomobile und Lokomotive). Endlich ist noch zu unterscheiden zwischen einzylindrigen und mehrzylindrigen Maschinen, je nachdem in einem oder in mehreren Zylindern

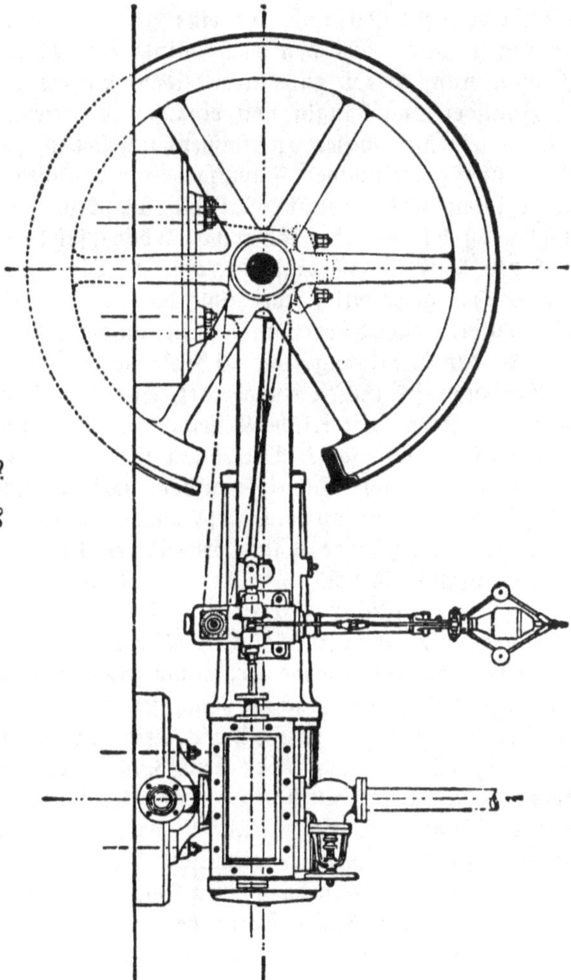

Fig. 29.

Dampfarbeit geleistet und auf eine gemeinsame Welle übertragen wird. Bei den mehrzylindrigen Maschinen hat man nun wieder zu unterscheiden, ob die einzelnen Zylinder unabhängig von einander arbeiten, oder ob sie in einem gewissen Zusammenhang stehen, so daß sie zu einer gemeinsamen Dampfarbeit verbunden sind. Im letzteren Falle nennt man die Maschinen Verbundmaschinen oder Kompoundmaschinen.

§ 20. Die Verbundmaschine. Die Verbundmaschine hat gewöhnlich zwei Zylinder von ungleichem Durchmesser, welche durch Kanäle miteinander verbunden sind. In der Abbildung Fig. 30 sind die Zylinder mit den Verbindungskanälen angedeutet. In den kleineren Zylinder A strömt der frische Kesseldampf bei x ein und treibt den Kolben abwärts. Der Raum unterhalb des Kolbens ist aber noch mit Dampf von dem vorigen Hub gefüllt. Dieser Dampf entweicht jetzt durch den Kanal a b in den großen Zylinder B und bewegt den Kolben desselben ebenfalls abwärts. Da nun der Zylinder B größer ist, als der Zylinder A, so muß der Dampf in ihm sich ausdehnen. Es gelingt auf diese Weise, den Dampf durch eine sehr weitgehende Expansion nach Möglichkeit auszunutzen. Bei dem nächsten Hub strömt der Kesseldampf bei y in den kleinen Zylinder A ein und treibt den Kolben aufwärts. Der über dem Kolben befindliche Dampf entweicht jetzt durch den Kanal c d in den großen Zylinder B und treibt dessen Kolben ebenfalls aufwärts. Aus dem großen Zylinder entweicht der Dampf entweder ins Freie oder er geht in einen Kondensationsraum.

In der beschriebenen Form der Verbundmaschine müssen die beiden Kolben zu gleicher Zeit ihren Hub beginnen und vollenden. Beide Kurbeln stehen deshalb zu gleicher Zeit im toten Punkte. Die neueren Verbundmaschinen sind aber so eingerichtet, daß die beiden Kurbeln einen bestimmten, gewöhnlich einen rechten Winkel mit einander bilden. Eine solche Maschine kann deshalb in jeder Stellung angelassen werden, da niemals beide Kurbeln zu gleicher Zeit im toten Punkte stehen können. Ein weiterer und wesentlicher Unterschied dieser von den durch

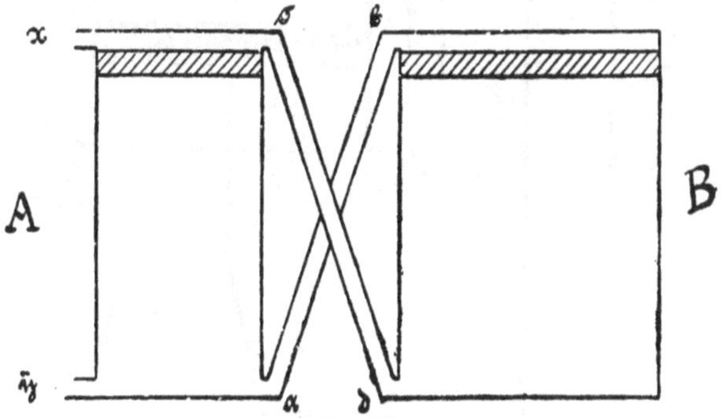

Fig. 30

Fig. 30 angedeuteten Verbundmaschinen liegt darin, daß der Dampf nicht unmittelbar aus dem kleinen in den großen Zylinder strömt, sondern daß zwischen beiden Zylindern ein Behälter eingerichtet ist, welcher den aus dem kleinen Zylinder austretenden Dampf aufnimmt, und aus welchem der große Zylinder gespeist wird. Dieser Dampfbehälter wird allgemein Receiver oder Aufnehmer genannt, und von ihm hat die Maschine den Namen Receivermaschine erhalten.

In den Abbildungen Fig. 31—34 sind vier Kolbenstellungen der Receivermaschine dargestellt, aus welchen die Art der Dampfverteilung in den beiden Zylindern unschwer zu erkennen ist. Die Kurbeln sind, um ihre Stellungen veranschaulichen zu können, umgeklappt, d. h. um einen rechten Winkel gedreht. In Fig. 31 befindet sich der kleine Kolben im toten Punkte und soll gerade seinen

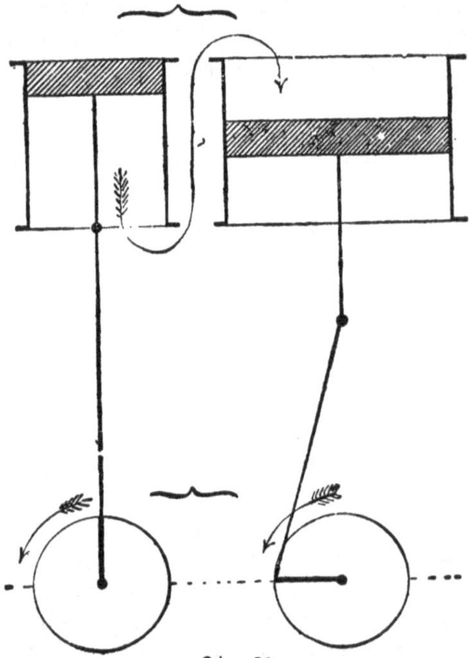

Fig. 31.

Hub abwärts beginnen. Da die beiden Kurbeln rechtwinklig zueinander stehen sollen, so muß der große Kolben die Hälfte seines Hubes bereits vollendet haben, muß also, wie die Abbildung zeigt, in der Mitte des Zylinders stehen. Der Raum unterhalb des kleinen Kolbens ist mit Dampf vom vorigen Hub angefüllt. Dieser Dampf besitzt eine gewisse Spannung, welche jedenfalls größer ist als die Spannung des im großen Zylinder oberhalb des Kolbens befindlichen Dampfes. Ließe man deshalb den Dampf aus dem kleinen Zylinder unmittelbar in den

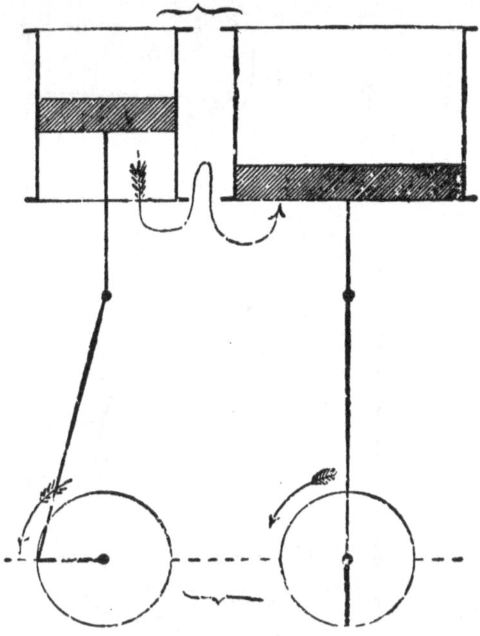

Fig. 32.

großen strömen, so würde dort die Spannung sich sofort, also stoßweise, vergrößern. Dies geschieht nun nicht, sondern man sperrt jetzt den großen Zylinder ab und läßt den aus dem kleinen Zylinder tretenden Dampf in den Receiver strömen. Dort wird also eine erhöhte Spannung erzeugt. Dies dauert so lange, bis der kleine Kolben die

Hälfte seines Hubes vollendet hat, also in der Stellung Fig. 32 sich befindet. Jetzt hat der große Kolben seinen Hub vollendet und steht unten im toten Punkte. Der Receiver wird jetzt nach dem großen Zylinder hin geöff-

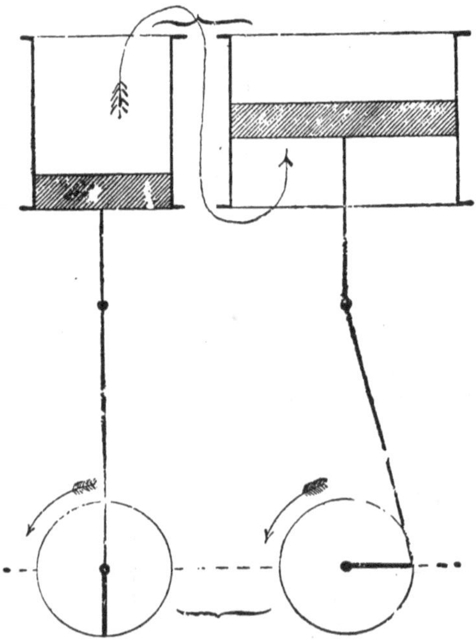

Fig. 33.

net und der ausströmende Dampf treibt den großen Kolben aufwärts bis zur Stellung Fig. 33. Dort hat der kleine Kolben seinen Hub nach unten vollendet und steht im toten Punkte. Der große Kolben befindet sich auf der Hälfte seines Hubes. Der Receiver wird wieder gegen den großen Zylinder hin abgeschlossen, so daß der in dem letzteren befindliche Dampf bis zur Vollendung des Hubes nur durch seine Expansion wirken kann. Gleichzeitig strömt der Dampf über den Kolben in dem kleinen Zylinder in den Receiver und erhöht dort wieder die Span-

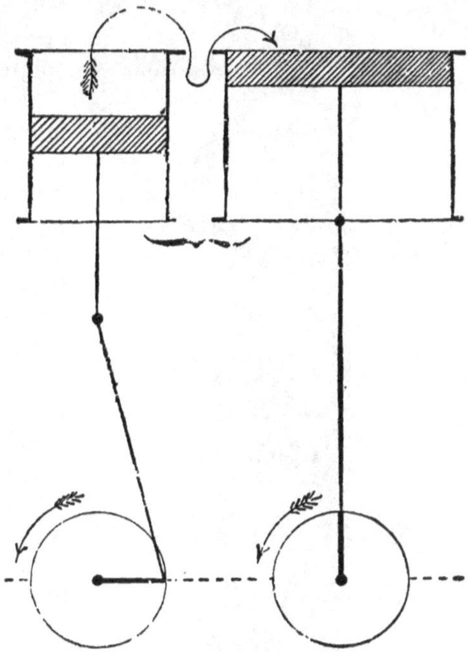

Fig. 34.

nung. Dies dauert bis zur Stellung Fig. 34, wo der große Kolben oben im toten Punkte steht und der kleine auf der Hälfte seines Hubes sich befindet. Der Receiver wird wieder für den großen Zylinder geöffnet und der Kolben abwärts getrieben. Nach dem nächsten halben Hub ist die Anfangsstellung Fig. 31 wieder erreicht.

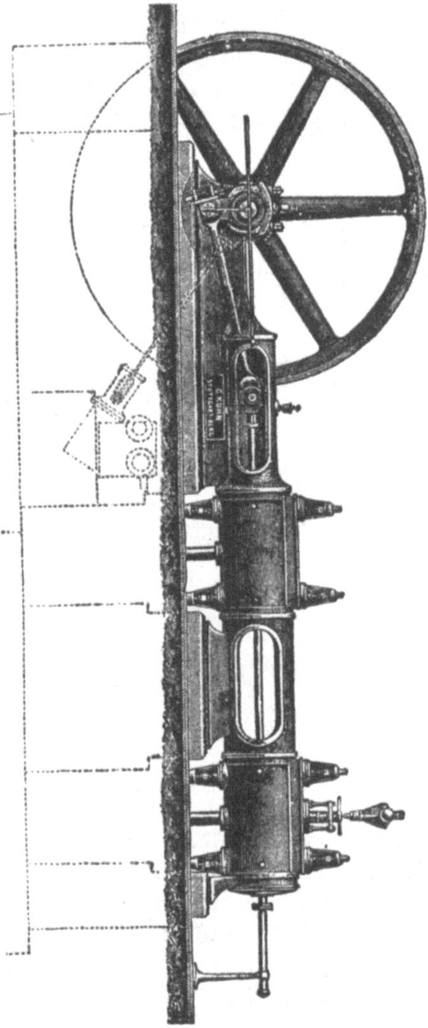

Fig. 35.

Die Verbundmaschinen haben den großen Vorteil, daß man den Dampf möglichst expandieren lassen kann, und daß trotzdem in jedem Zylinder auf beiden Seiten keine großen Druckunterschiede vorhanden sind. Bei den gewöhnlichen Expansionsmaschinen muß auf der Arbeitsseite des Kolbens im Anfange der Dampf eine sehr hohe Spannung besitzen, während auf der entgegengesetzten Seite

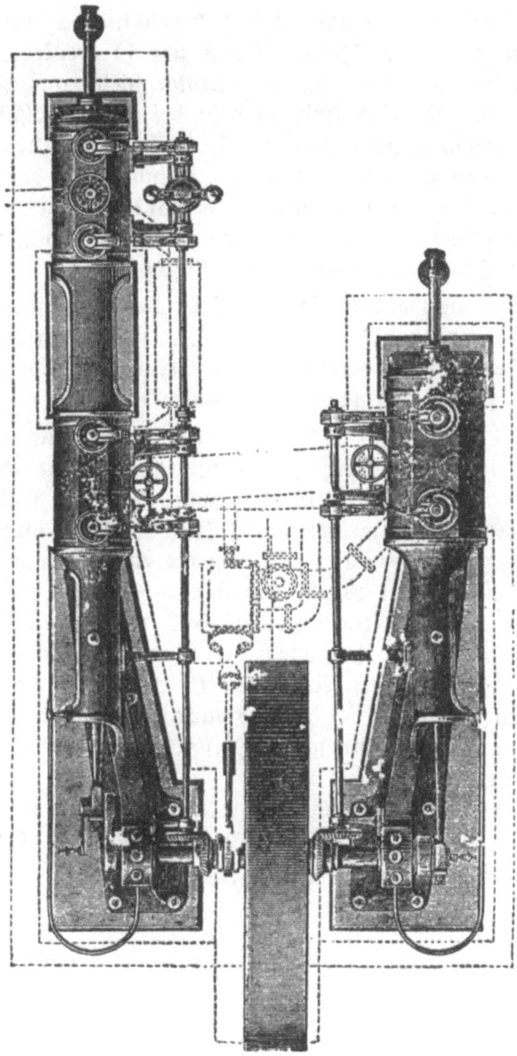

Fig. 86.

kein oder nur geringer Druck herrscht. Da nun der Kolben gegen die Zylinderwand um so weniger dicht abschließt, je höher die Druckunterschiede auf beiden Seiten des Kolbens sind, so geht bei den gewöhnlichen Expansionsmaschinen immer Dampf infolge der Undichtigkeiten zwischen Kolben und Zylinderwand verloren. Aus der Vermeidung dieses Uebelstandes bei den Verbundmaschinen erklärt man den verhältnismäßig geringen Dampfverbrauch dieser Maschinen.

Man verwendet heute auch Verbundmaschinen mit drei und sogar vier Zylindern. In diesen durchströmt der Dampf nacheinander die einzelnen Zylinder, um sich in jedem folgenden weiter auszudehnen.

Bei den einzylindrigen Dampfmaschinen nimmt die von dem Kolben auf die Welle übertragene Arbeit während der ersten Hälfte des Hubes stetig zu, während der zweiten Hälfte stetig ab. Infolgedessen muß ein Schwungrad vorhanden sein, um die Arbeit gleichmäßig zu verteilen. Bei der Receivermaschine sind die beiden Kolben stets um einen halben Hub von einander entfernt, so daß schon dadurch ein Ausgleich der auf die Welle übertragenen Arbeit stattfindet. Die Receivermaschinen zeichnen sich deshalb durch einen gleichmäßigen Gang aus und können nötigenfalls ohne Schwungrad arbeiten.

In den Abbildungen Fig. 35 uud 36 ist eine dreizylindrige Verbundmaschine in verschiedenen Ansichten dargestellt.

Betrieb und Wartung der Dampfmaschine.

§ 21. Die Vorbereitung zur Inbetriebsetzung. Wir verstehen hierunter die Inbetriebsetzung einer Maschine, welche längere Zeit, wenigstens solange stillgestanden hat, daß die mit dem Dampf in Berührung kommenden Teile kalt geworden sind. Der Maschinist hat sich zunächst zu überzeugen, daß trockener Dampf in genügender Menge im Kessel vorhanden ist, um die Maschine anzuwärmen. Der Dampf kann hierzu eine um mehrere Atmosphären geringere Spannung besitzen, als der gewöhnliche Betriebsdruck beträgt. Zum Anwärmen wird zunächst das am Kessel befindliche Absperrventil langsam geöffnet, so daß der Dampf mit möglichst geringer Geschwindigkeit in die Dampfrohrleitung strömt. Das Absperrventil am Zylinder bleibt geschlossen. Der Wasserablaßhahn an der Rohrleitung und an dem etwa vorhandenen Dampfsammler wird geöffnet, ebenso werden die Ausbläsehähne am Zylinder und am Schieberkasten, sowie am Dampfmantel geöffnet. Darauf wird das Absperrventil am Zylinder geöffnet, so daß der Dampf in den Zylinder tritt. Der Dampf gibt seine Wärme an die von ihm berührten Teile des Zylinders ab und verdichtet sich zu Wasser, welches durch die

Ausblasehähne entfernt wird. Das Anwärmen erfordert je nach der Größe der Maschine eine Zeit von 15—60 Minuten.

Vor der Ingangsetzung der Maschine hat der Maschinist sich zu überzeugen, ob alle beweglichen Teile der Maschine hinlänglich mit Schmiermaterial versehen sind. Verstopfte Schmierkanäle sind sorgfältig zu reinigen. Bei den vom Dampf berührten Schmierstellen geht dies gewöhnlich sehr leicht, indem man Dampf durch die Kanäle blasen läßt. Befindet sich ein Schmierdocht in den Schmierkanälen, so ist darauf zu achten, daß der Docht den Kanal nicht ganz ausfüllt, jedenfalls nicht in demselben gepreßt ist, weil er alsdann nicht genug Schmiermaterial an die Schmierstelle befördern kann. Der Docht soll aus Wolle, nicht aus Baumwolle bestehen, weil ein wollener Docht lockerer und loser ist und deshalb mehr Schmieröl aufnehmen und weiterführen kann. Ferner darf der Docht nicht so tief in den Schmierkanal hineinreichen, daß das untere Ende von dem bewegten Zapfen berührt wird. Es liegt alsdann Gefahr nahe, daß der Docht mitgerissen wird. Der Docht ist deshalb durch eine durchgeführte Nadel festzustellen.

Ist die Maschine hinreichend vorgewärmt, und sind alle beweglichen Teile gut geölt, so kann die Maschine in Gang gesetzt werden. Steht die Kurbel im toten Punkte, so ist sie durch Drehen des Schwungrades über denselben hinauszubringen. Größere Maschinen läßt man einige Umdrehungen leer machen, ehe man das Zeichen für die Ingangsetzung der Arbeitsmaschinen macht und diese einrückt. Bei kleineren Maschinen ist dieses Probelaufen nur dann erforderlich, wenn sie längere Zeit außer

Betrieb gewesen sind. Es ist dies namentlich bei Reservemaschinen der Fall, sowie bei solchen Maschinen, welche nur zur Aushülfe zeitweilig gebraucht werden. Derartige Maschinen sollen, auch wenn sie nicht gebraucht werden, von Zeit zu Zeit in Gang gesetzt werden, um sich zu überzeugen, daß alles an ihnen in Ordnung ist und sie jederzeit benutzt werden können.

Besondere Aufmerksamkeit erfordert die Inbetriebsetzung der Verbundmaschinen. Bei diesen ist zu beachten, daß bei dem ersten Dampfeinlaß der Receiver sowohl wie der größere Zylinder noch keinen Dampf erhalten, so daß der Dampf nur auf den Kolben des kleinen Zylinders wirkt. Es darf deshalb bei der Ingangsetzung die Kurbel des kleinen Kolbens nicht im toten Punkte stehen. Ferner beträgt die auf den kleinen Kolben übertragene Dampfarbeit nur die Hälfte oder etwa ein Drittel der in den beiden Zylindern ausgeführten Arbeit. Soll deshalb eine solche Maschine schon bei der Ingangsetzung die volle Arbeit leisten, so muß auch der zweite Zylinder mit frischem Dampf gespeist werden. Dieser Dampf würde aber, wenn die Verbindung zwischen den beiden Zylindern bezw. zwischen ihnen und dem Receiver nicht abgesperrt würde, dem kleinen Kolben entgegenarbeiten. Es ist deshalb zwischen dem zweiten Zylinder und dem Receiver ein Abschlußventil eingeschaltet. Nach erfolgter Ingangsetzung der Maschine muß dieses Ventil wieder geöffnet, dagegen die Zuströmung von frischem Dampf zu dem zweiten Zylinder abgesperrt werden. In neuerer Zeit sind Vorrichtungen in Aufnahme gekommen, durch welche das Oeffnen und Schließen dieser Ventile selbsttätig besorgt wird.

§ 22. **Das Ingangsetzen oder Anlassen der Maschine.** Das Dampfabsperrventil am Kessel, welches während des Anwärmens der Maschine nur wenig geöffnet war, wird nunmehr ganz geöffnet. Nachdem darauf das Zeichen zum Beginn des Betriebes seitens des Maschinisten gegeben ist, wird das Dampfventil am Zylinder soweit geöffnet, daß die Maschine langsam in Bewegung kommt. Diejenige Stellung der Kurbeln, bei welcher die Maschine am besten angelassen werden kann, wird der Maschinist bald durch Erfahrung herausgefunden haben. Vor dem Anlassen wird er durch Drehen am Schwungrade diese Kurbelstellung herbeiführen. Die Ausblasehähne an der Rohrleitung, dem Zylinder usw. werden erst dann geschlossen, wenn die Maschine ihre regelmäßige Tourenzahl macht, und nachdem der Regulator diejenige Stellung eingenommen hat, welche dem regelmäßigen Betriebe entspricht. Ehe der regelmäßige Gang der Maschine eingetreten ist, darf der Maschinist sich nicht von seinem Standpunkte am Dampfabsperrventil entfernen.

§ 23. **Die Wartung der Maschine während des regelmäßigen Betriebes.** Auch während des regelmäßigen Ganges darf der Maschinist sich nicht längere Zeit aus dem Maschinenhause entfernen; überhaupt soll er seinen Posten nicht verlassen, solange das Dampfabsperrventil zwischen Maschine und Rohrleitung geöffnet ist. Die Dampfabsperrventile sollen während des Betriebes vollständig geöffnet sein, damit der Dampf nicht unnötigerweise gedrosselt wird und dadurch einen Spannungsverlust erleidet. Nur in denjenigen Fällen, in welchen die Leistungsfähigkeit der

Maschine nur in einem geringen Maße ausgenützt werden darf, ist es unvermeidlich, das Anlaßventil mehr oder weniger zu schließen. Besondere Aufmerksamkeit ist auf den Regulator zu verwenden. Derselbe muß in allen seinen Teilen besonders sorgfältig rein gehalten und geschmiert werden. Auch hat sich der Maschinist öfters durch Probieren zu überzeugen, daß sich die einzelnen Teile bewegen lassen. Namentlich ist auch darauf zu achten, daß die richtigen Gegengewichte zum Beschweren des Regulators für größere oder geringere Füllung richtig benutzt werden. Bei dem auf eine Drosselklappe wirkenden Wattschen Regulator genügt es, durch Verkürzung oder Verlängerung des Gestänges, d. h. der Verbindungsstangen zwischen Regulator und Drosselklappe, die dem regelmäßigen Gange der Maschine entsprechende Stellung der Drosselklappe herbeizuführen. Die neueren Reguliervorrichtungen, bei welchen der Regulator unmittelbar auf die Dampfverteilung wirkt, erfordern eine weit größere Sorgfalt und Aufmerksamkeit seitens des Maschinisten.

Während des Betriebes sind alle reibenden Teile der Maschine gut in Oel zu halten; nur an denjenigen Stellen, welche nur mit Gefahr zugänglich sind, darf während des Betriebes nicht geschmiert werden. Bei Schiebermaschinen sind besonders die reibende Teile der Steuerung sorgfältig zu ölen, weil diese einer besonders starken Reibung ausgesetzt sind.

Während des Ganges der Maschine hat der Maschinist auf jede Unregelmäßigkeit, insbesondere auf Stöße im Zylinder und an den äußeren bewegten Teilen sorgfältig zu achten. Ob die Maschine ihre regelmäßige Tourenzahl macht, wird er bald durch das Gehör zu unterscheiden lernen. Zeigt sich eine Undichtigkeit an einer Stopfbüchse, so ist dieselbe durch gleichmäßiges Anziehen zu beseitigen. Stopfbüchsen an Steuerungsteilen, beispielsweise an Steuerungsventilen, dürfen nur langsam angezogen werden, solange Dampf aus ihnen entweicht. Zeigen sich Wassertropfen, so darf nicht weiter angezogen werden.

Auch alle zum Dampfbetrieb erforderlichen Nebenmaschinen, wie Speisepumpen, Oelpumpen, Kondensationstöpfe und Wasserableiter, sind fortwährend genau zu beobachten; jede Unregelmäßigkeit ist sofort zu beseitigen. Läuft ein Lager warm, so ist zunächst zu versuchen, durch Zugabe von reichlichem Schmiermaterial, welches auch in der Wärme hinreichend zähflüssig ist, den Uebelstand zu heben. Gelingt dies nicht, so muß die Maschine still gestellt und der Grund der zu starken Reibung aufgesucht und beseitigt werden.

Jeder Maschinist hat ferner zu bedenken, daß Reinlichkeit und Sauberkeit seine vornehmste Pflicht und seine größte Tugend ist, und daß seine Brauchbarkeit und Zuverlässigkeit am besten aus dem Zustande erkannt werden, in welchem er seine Maschine und das Maschinenhaus hält.

§ 24. Das Abstellen der Maschine und ihre Behandlung während des Stillstandes. Dauert die Stillstandspause nur kurze Zeit, so wird nur das Absperrventil am Zylinder geschlossen. Steht die Maschine aber längere Zeit, etwa über Nacht still, so wird auch das Absperrventil am Kessel, und zwar dieses zuerst geschlossen, damit kein Dampf in der Rohrleitung zurückbleibt, welcher sich dort zu Wasser verdichten würde. Nach dem Abschluß der Ventile werden die Ablaßhähne geöffnet. Die Maschine soll in einer solchen Stellung stehen bleiben, daß sie nicht angehen kann. Sofort nach dem Stillstand ist die Maschine sorgfältig zu reinigen, und zwar solange die einzelnen Teile noch warm sind. Auch die Behälter, welche, wie beispielsweise unter dem Kurbelzapfen, das Tropföl aufnehmen, sind herauszunehmen und zu reinigen. Das Oel ist zu sammeln und nach der im § 8 gegebenen Anleitung zu reinigen. Steht die Maschine längere Zeit still, so sind die Lager, welche sich stets etwas abnutzen, nachzuarbeiten, und wieder genau zusammenzusetzen. Die Stopfbüchsen werden nachgesehen, die Verpackungen, wenn nötig, erneuert. Ungleichmäßige Verpackungen verderben die Stangen. Die Packungsschnüre sollen deshalb gleichmäßig und knotenfrei sein und an ihren Enden spitz zulaufen. Unreiner Hanf ist, wie überhaupt jedes unreine Packmaterial zu verwerfen. Das Anziehen der Stopfbüchsen soll tunlichst dann geschehen, wenn dieselben warm sind, also zweckmäßig beim Anwärmen der Maschine. Das Innere des Zylinders und der Kolben sind von Zeit zu Zeit nachzusehen. Dabei ist festzustellen, ob der Kolben noch gut dichtet. Zeigt der Zylinder Riefen, so ist der Kolben durch den Reservekolben, welcher stets vorhanden und zur Hand sein muß, zu ersetzen. Vor dem Einsetzen eines neuen Kolbens oder neuer Kolbenringe sind diese Teile selbstredend vorher auf ihre Brauchbarkeit zu untersuchen und gut zu reinigen. Die Steuerungsorgane müssen, sobald ihre Dichtungsflächen rauh geworden sind, nachgeschliffen werden. Ob die Schieber oder Ventile undicht geworden sind, läßt sich am besten durch den Indikatorhahn beim Anwärmen der Maschine feststellen. Bei der Erneuerung von Dichtungen müssen die Dichtungsflächen vorher sauber gereinigt werden. Zum Dichten an weniger leicht zugänglichen Stellen sind am besten Asbestplatten zu verwenden, weil diese weniger Nachziehen erfordern. Dichtungen, welche mit Wasser oder mit nassem Dampf in Berührung kommen, bestehen am besten aus Kautschuktuch oder Kautschukschnur, vorausgesetzt, daß die Dichtungen nicht mit Oel in Berührung kommen. Für die Dichtungen der Dampfleitung wendet man auch vielfach ein Sieb aus Messingdraht an, welches auf beiden Seiten mit Mennigkitt, d. h. einem Gemisch aus Mennige und Leinöl, belegt ist. Der Kitt muß aber vor der Verwendung zur Dichtung gut trocken, d. h. hart geworden sein. Auch Papierkarton von 3/4—1 mm Dicke, welcher wiederholt mit Leinöl getränkt wurde, ist zum Dichten von Dampf- und Wasserleitungsrohren gut verwendbar.

Aufgabe des Maschinisten ist auch, mindestens jährlich einmal die Reinigung der Treibriemen und Seile zu besorgen. Eine gute Riemenschmiere erhält man durch Erwärmen eines Gemisches von 9 Teilen Schweinefett, 5 Teilen Tran, 4 Teilen Talg und 3/4 Teilen Bienenwachs. Auch die Seile müssen gut geschmiert werden. Das Auflegen der Treibseile soll durch einen gutbefähigten Fachmann vorgenommen werden. Schlecht aufgezogene Seile verursachen unter Umständen einen bedeutenden Kraftverlust und sind schuld an dem Warmlaufen der Lager. Kammräder sind ebenfalls zu schmieren, und zwar mit einem Gemisch aus 2 Teilen Oel, 2 Teilen Talg und 1 Teil Japanwachs.

§ 25. Die vollständige Außerbetriebsetzung der Maschine. Soll eine Dampfmaschine längere Zeit außer Betrieb stehen, so sind die Packungen sämtlicher Stopfbüchsen herauszunehmen. Die betreffenden Stangen sind sorgfältig zu reinigen und einzufetten, um sie vor Rost zu schützen. Es ist nützlich, die Maschine von Zeit zu Zeit in Gang zu setzen, um sich von ihrer Betriebsfähigkeit zu überzeugen. Vor und während einer solchen Inbetriebsetzung sind alle reibenden Teile ganz besonders sorgfältig und reichlich zu schmieren.

Die Dampfturbine.

§ 26. In der Kolbenmaschine wird die dem Dampf innewohnende Spannungsenergie dadurch ausgenutzt, daß ein Kolben in hin- und hergehende Bewegung versetzt und diese durch einen Kurbelmechanismus in eine rotierende umgewandelt wird. Es liegt nahe, den Zwischenapparat auszuschalten und den Dampf direkt auf die umlaufende Welle unter Benutzung von Hebelkraft wirken zu lassen. Dazu hat sich die Spannkraft des Dampfes als nicht geeignet erwiesen, sondern vielmehr strömender Dampf. Dampfströmung oder -Geschwindigkeit erzielt man dadurch, daß man den Dampf durch eine Oeffnung expandieren läßt und so Geschwindigkeit gewinnt.

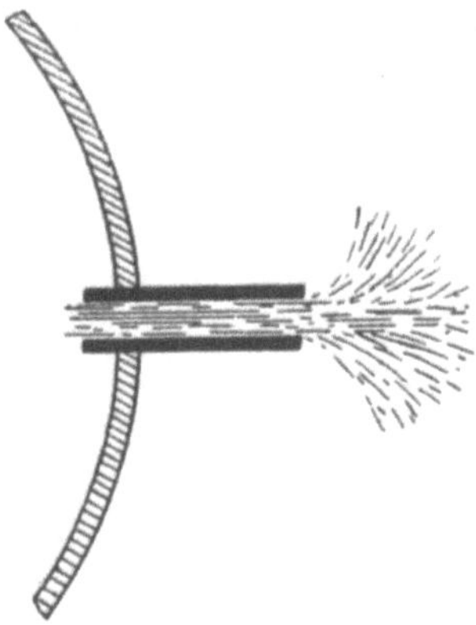

Fig. 37. Zylindrische Düse.

Oeffnet man an einem Kessel im Dampfraum einen Hahn, so expandiert der Dampf beim Durchgang durch den Hahn bis auf die atmosphärische Spannung im Kesselraum, und er kommt mit großer Geschwindigkeit heraus. Ist die Hahnmündung zylindrisch wie in Abb. 37, dann ist der Dampfstrahl nicht geschlossen, sondern breitet sich büschelförmig aus. Geschlossen bleibt der Strahl bei zylindrischer oder konisch verengter Bohrung nur bei niedrigem Druckgefälle, z. B. statt von 12 auf 1 Atm., von 12 auf 8 Atm. oder statt von 4 auf 0,5, von 4 auf 2,5 Atm. Gibt man der Bohrung aber konisch erweiterte Form, wie in Abb. 37a (De Lavaldüse), dann bleibt der Strahl bei jedem Druckgefälle geschlossen und erreicht eine sehr hohe Geschwindigkeit. Diese geht bei hohem Druckgefälle über 1000 m in der Sekunde hinaus. Ueberhitzter Dampf ergibt bei gleichem Druckgefälle höhere Geschwindigkeiten als gesättigter Dampf. Da er zugleich wasserfrei ist und

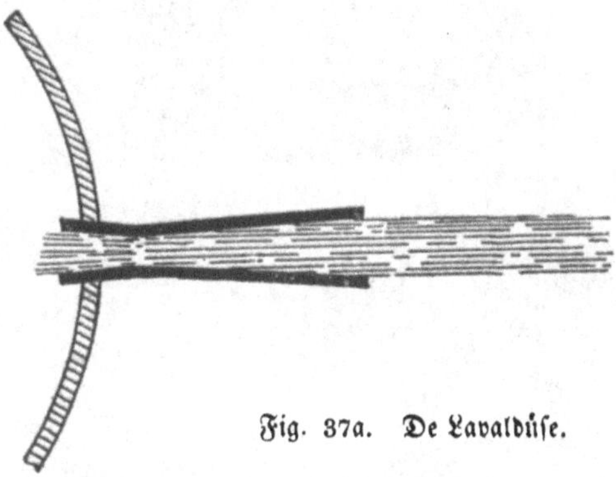

Fig. 37a. De Lavaldüse.

Dampfnässe die Strömung stark stört, so erreicht die Turbine bei Heißdampfbetrieb besonders hohen Nutzeffekt. Das um so mehr, als innere Schmierung vollkommen fortfällt. Deshalb bleibt das Kondensat vollständig rein.

Wenn man dem aus dem Hahn tretenden Dampfstrahl eine Kohlenschaufel schräg entgegenhält, dann schiebt er die Schaufel beiseite. Dabei gibt er infolge dieser Arbeitsleistung einmal einen Teil seiner Schnelligkeit ab und ändert andererseits durch die Ablenkung an der Schaufel seine Richtung. Hält man in der neuen Dampfrichtung abermals eine Schaufel schräg gegen den

Strahl, so gibt er wieder unter Aenderung der Richtung einen Teil seiner Geschwindigkeit ab usw. Unter Hergabe von Geschwindigkeitsenergie ist also die Schubwirkung auf die Schaufel erzielt worden. Spannungsenergie kam bei dieser Arbeitsleistung nicht zur Wirkung, denn

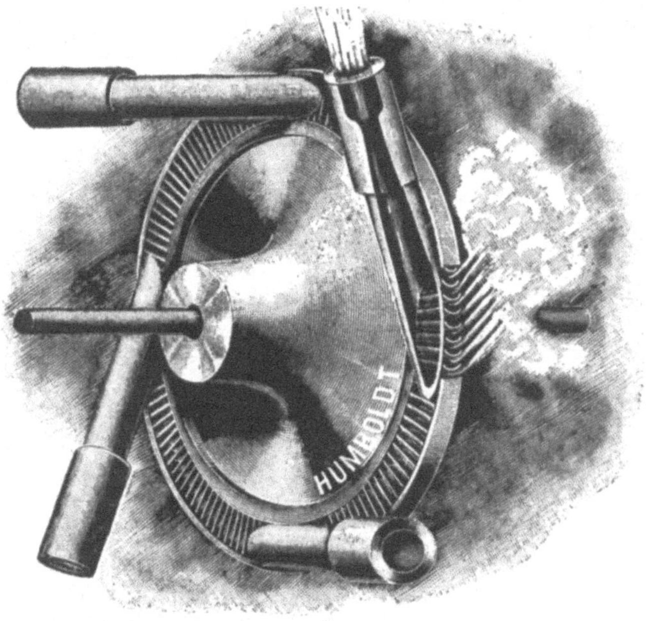

Fig. 38. Freistrahl- oder Gleichdruck- oder Aktionsturbine.

die Spannung hatte der Dampf ja schon beim Durchgang durch den Hahn verloren, dafür aber Geschwindigkeitsenergie gewonnen.

§ 27. Auf diesen Vorgängen beruht nun die Arbeitsweise der Dampfturbine. In Fig. 38 ist eine Turbine einfachsten Bauart dargestellt. Auf eine Welle ist ein kräftiges Rad gekeilt und an seinem Rande mit gebogenen Schaufeln besetzt. Fast parallel mit den Radseiten (in sehr spitzem Winkel) sind im nicht dargestellten Turbinengehäuse konische Düsen angebracht, in welchen dem Dampf unter Entspannung große Geschwindigkeit erteilt wird. Die Dampfstrahlen treten in die Schaufeln ein. Da diese halbkreisförmig gebogen sind, ändert der Dampf beim Durchgang fortwährend seine Richtung. Er verliert dabei fortgesetzt an Geschwindigkeit, schiebt damit die Schaufeln beiseite und versetzt das Rad in Drehung. Der Dampf kommt an der andern Seite der Schaufeln heraus, nachdem er fast alle Geschwindigkeitsenergie abgegeben hat. Die Spannung hat sich von der Düsenmündung, wo sie auf diejenige des Turbinenraumes herabsank, bis zum Austritt aus den Schaufeln überhaupt nicht geändert. Der Dampf arbeitete also lediglich mit Geschwindigkeit, mit der ihm erteilten lebendigen Kraft. Eine Turbine der beschriebenen Art nennt man Freistrahl- oder Gleichdruck- oder Aktionsturbine. Die Schaufeln müssen in ihr parallele, d. h. gleich weite Durchgänge wie in Abb. 45 B erhalten, damit der Gleichdruck bestehen bleibt. Vor und hinter den Schaufeln herrscht deshalb gleicher Druck, d. h. der des Turbinengehäuses. Steht dieses direkt mit dem Kondensator in Verbindung, dann expondiert der Dampf in den Düsen vom Kesseldruck auf den sehr niedrigen, im Kondensator herrschenden. Die erzielte Dampfgeschwindigkeit ist dann sehr groß. Dabei erlangt die Schaufel- und somit Drehgeschwindigkeit der Welle einen Betrag, bei welchem das Rad durch die Zentrifugalkraft trotz seiner starken Bauart zerrissen werden kann. Die Wellenumläufe werden, da sie nach Tausenden pro Minute zählen, für Dynamos, Pumpen, Gebläse und besonders für Schiffsschrauben zu hoch. Man mindert die Drehzahl deshalb dadurch herab, daß man auf das Rad mehrere Schaufelkränze hintereinander setzt. Diese durchströmt der Dampf nacheinander und gibt an jeden Kranz nur einen Teil seiner Geschwindigkeit ab. Entsprechend vermindert sich die Umlaufzahl der Welle. Diese Anordnung nennt man Geschwindigkeitsabstufung.

Der Dampf tritt, wie Fig. 38 lehrt, um etwa 130 bis 140 ° zur Eintrittsrichtung (Achse der Düse) verdreht aus der Schaufel heraus. Soll der Strahl nun mehrere Kränze hintereinander durchlaufen, dann muß er, um nach dem Passieren der ersten Schaufelreihe wieder richtig in die zweite einzutreten, deren Schaufelkrümmung ebenso liegt wie im ersten Kranz, erst wieder in die richtige Eintrittsrichtung gedreht werden. Dazu sitzen fest im Gehäuse Schaufeln mit umgekehrter Krümmung. Diese ragen in den Zwischenraum zwischen zwei Laufschaufelkränzen hinein. Diese festen Schaufeln heißen Leit- oder Umkehrschaufeln. Siehe auch Fig. 40 links.

Ein Laufrad mit mehreren Geschwindigkeitsstufen nennt man auch Curtisrad.

Man braucht nun den Dampf nicht in einem einzigen Drüsensatz zu entspannen, sondern kann das auch stufenweise machen. Dann setzt man auf die Welle eine Anzahl Räder hintereinander und besetzt sie mit Schaufeln (in Fig. 40 schwarz). Zwischen die Räder setzt man fest ins Gehäuse Trennungsscheiben (Zwischenböden) (in Fig. 40 schraffiert), welche in der Zentrumsbohrung die Welle möglichst dampfdicht umfassen. So wird das Turbinengehäuse in eine Anzahl Kammern geteilt (in Fig. 39 schematisch dargestellt), und in jeder sitzt ein Laufrad auf der Welle. In jedem Zwischenboden werden den Schaufeln gegenüber Düsen angebracht. Sie werden von Boden zu Boden (Stufe zu Stufe) weiter, wie es Fig. 39 andeutet (auch Fig. 40). Denn die Dampfspannung sinkt jetzt in jedem Düsensatz nur um einen Teil des Gesamtgefälles, womit auch in jeder Stufe eine geringere

Dampfgeschwindigkeit erzielt wird. Weil der Dampf dabei einen immer größeren Raum einnimmt, müssen auch die Düsen von Stufe zu Stufe erweitert werden wie in Fig. 39 und 40. Im letzten Düsensatz sinkt die Spannung endlich auf den Gegendruck, also auf die Kondensatorspannung, wenn die Turbine an einen Kondensator angeschlossen ist. Diese Abstufung der Dampfgeschwindigkeit nennt man Druckabstufung, und mit ihr erreicht man ebenso wie bei der Geschwindigkeitsabstufung die

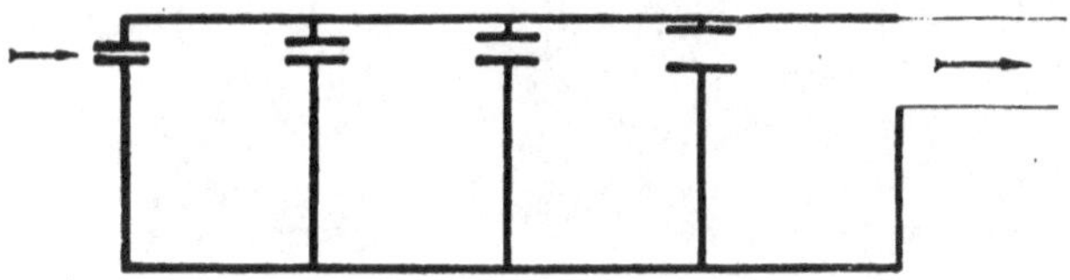

Fig. 39.

gewünschte Herabsetzung der Wellendrehzahl. Vergleicht man die reine Geschwindigkeitsabstufung mit ihrem einzigen Rad mit Druckabstufung, welche eine Unterteilung des Gehäuses in viele dampfdichte Kammern und eine entsprechend große Anzahl von Laufrädern erfordert, so müßte man ersterer den Vorzug geben. Das ist aber in der Praxis meistens nicht der Fall, sondern es hat sich erwiesen, daß die Dampfausnutzung bei Druckabstufung wirtschaftlicher ist als bei Geschwindigkeitsabstufung.

Um die Druckabstufung nicht zu weit zu treiben, weil sie gegenüber der Geschwindigkeitsabstufung viel mehr Stufen erfordert und deshalb eine bedeutend längere, schwerere und verwickeltere Maschine ergibt, kann man die Druck- mit der Geschwindigkeitsabstufung auch vereinigen. Man gibt dann vielfach der ersten Druckstufe mehrere Geschwindigkeitsstufen (Fig. 40). Sie zeigt am Dampfeintritt eine Druckstufe mit zwei Geschwindigkeitsstufen und einen Umkehrkranz zwischen den beiden Lauf-

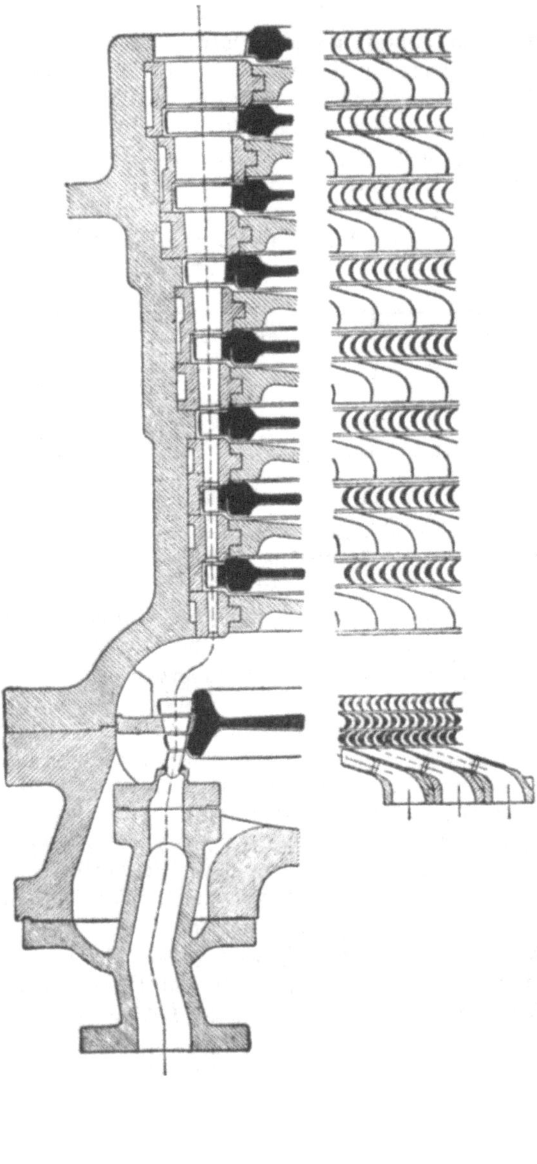

Fig. 40. Langsam laufende A. E. G. Curtisturbine.

schaufelreihen. Die andern 8 Druckstufen weisen nur je einen Laufkranz auf, d. h. hier ist reine Druckabstufung beibehalten. Die gewundenen Kanäle unten zwischen den Laufkränzen stellen die in den Zwischenböden sitzenden Düsen dar.

Es ist nicht nötig, daß Düsen am ganzen Umfang angeordnet werden, sondern man kann auch mit weniger auskommen, wie Abb. 38 dartut, weil vor den Schaufeln derselbe Druck herrscht wie dahinter. Es wird dann nur ein Teil der Schaufeln jeweilig vom Dampfstrahl der Düsen getroffen oder, wie man sagt, beaufschlagt.

Bei Anordnung von Düsen am ganzen Umfang, wobei alle Schaufeln eines Laufkranzes gleichzeitig von den Strahlen beaufschlagt werden, sagt man, das Rad ist voll beaufschlagt.

Gewöhnlich wird in Aktionsturbinen das erste Rad teilweise beaufschlagt und dabei immer eine Anzahl Düsen in einem Kasten zusammengefaßt. So entstehen am Eintritt mehrere Düsenkästen, deren jeder durch ein Rohr oder einen Kanal mit Sperrventil mit dem Hauptventil der Turbine verbunden ist. Durch Oeffnen oder Schließen der Sperrventile kann man also Düsen zu- oder abschalten, je nachdem es die Maschinenleistung verlangt. Bei stationären Turbinen größerer Leistung werden die Sperrventile der Düsenkästen vielfach automatisch vom Regulator betätigt. Er stellt daher je nach Erfordernis mehr oder weniger Düsen an, während das Hauptventil ganz oder fast völlig geöffnet bleibt. Einer der Düsenkästen erhält gewöhnlich kein Sperrventil, so daß durch diese stets offenen Düsen beim Oeffnen des Hauptventils die Turbine angewärmt und angelassen werden kann. Die in den Zwischenböden für die übrigen Druckstufen sitzenden Düsen sind meistens am ganzen Umfang angeordnet, ihre Räder also voll beaufschlagt. Mit der fortschreitenden Dampfexpansion, infolge derer der Dampf immer mehr Raum einnimmt, muß auch die Düsengröße wachsen und ebenso die Schaufel-Höhe oder Länge. In Fig. 40 ist das oben gut erkennbar.

Die Schaufeln, welche entweder aus Spezialbronze, Messing, Nickelstahl oder Holzkohleneisen bestehen, sind mit besonders geformten Fußenden in entsprechende Nuten der Laufräder (bei Umkehrschaufeln im Gehäuse) gesetzt (Fig. 41). Der Abstand zwischen je zwei Schaufeln wird durch Abstandsstücke in den Nuten hergestellt. Zur

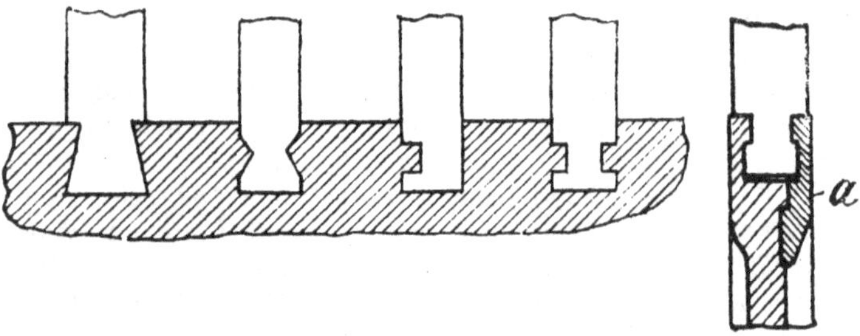

Fig. 41. Schaufelfüße. a) Befestigung in Zoellyturbinen.

Versteifung der Schaufeln ist über ihr äußeres Ende eine Messingbandage genietet (Fig. 38). Bei anderer Ausführung hat man einen oder mehrere Bronze- oder Kupferdrähte durch die Schaufeln gezogen und durch Silber mit ihnen verlötet.

Die als Hilfsmaschinen für den Antrieb von Luft-, Speise- oder Kühlwasserpumpen, Gebläse usw. verwendeten Turbinen schwacher Leistung erhalten des einfacheren Aufbaues halber gewöhnlich nur ein oder zwei Laufräder mit mehreren Geschwindigkeitsstufen.

Abb. 42 gibt eine viel verwendete Aktionsturbine kleinerer Leistung wieder, die Elektraturbine. Sie besitzt nur einen Schaufelkranz, welcher nicht stehend auf dem Radrande angeordnet ist, sondern horizontal. Der

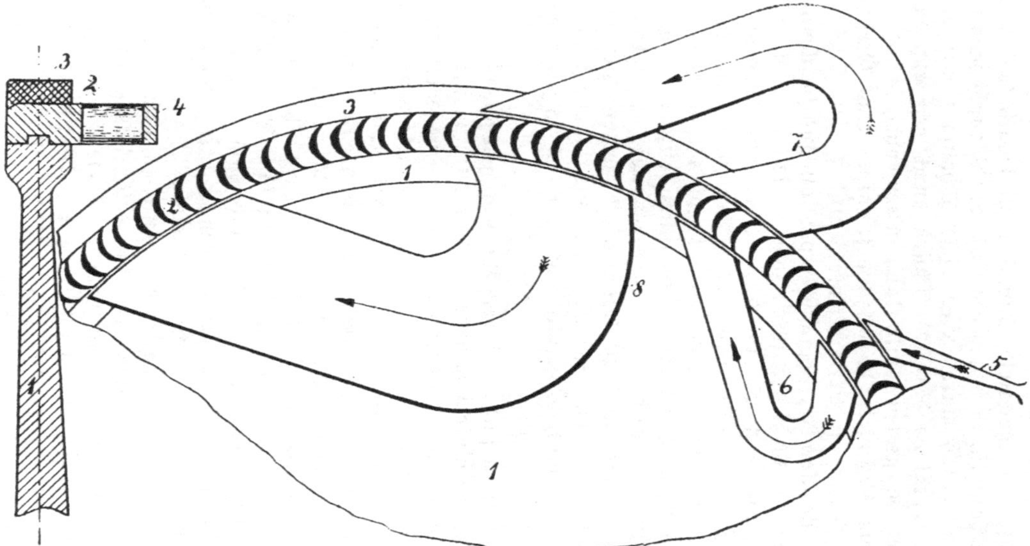

Fig. 12. Elektraturbine.

1. Schaufelrad, 2. Schaufeln, 3. Schrumpfring, 4. Bandagenring, 5. Eintrittsdüse, 6. erster, 7. zweiter, 8. dritter Leitkanal.

durch Düse 5 eingeleitete Dampfstrahl beaufschlagt nur wenige Schaufeln, in denen ein Teil der Strahlgeschwindigkeit ausgenutzt wird. Der diese Schaufeln auf der Innenseite verlassende Strahl wird durch den am Gehäuseboden befestigten Umleitkanal 6 gewendet, so daß er von neuem Schaufeln beaufschlagen kann. Das Gleiche besorgen weiter die Leitapparate 7 und 8. In Düse 5 vollzieht sich allein die gesamte Expansion und Geschwindigkeitserzeugung. Am Austritt von Düse 5 herrscht deshalb derselbe Druck wie am Austritt von Leitapparat 8, nämlich der des Gehäuses. Man hat hier also eine Druckstufe mit vier Geschwindigkeitsstufen und teilweise Beaufschlagung. Statt einer Expansionsdüse wird meistens noch eine zweite diametral gegenüber angeordnet und dazu weitere drei Umleitapparate, welche hier die Leitschaufeln vertreten. Die Turbine wird auch mit zwei Druckstufen gebaut, d. h. mit zwei Rädern in zwei getrennten Kammern.

An Ventilen sind an jeder Turbine gewöhnlich zwei vorhanden, ein einfaches, unter Federspannung stehendes Absperrventil, das zum Betriebe ganz geöffnet wird, und ein doppelsitziges Regulierventil. Dieses steht unter dem Einfluß des Regulators. Die Feder des Absperrventils wird nach der Oeffnung durch eine Klinke festgehalten. Diese steht durch ein Gestänge mit einem Stempel am vorderen Lagerbock in Verbindung. Hier sitzt auf der Welle ein einseitig gelasteter Schwungring. Bei gewisser Ueberschreitung der normalen Drehzahl (um 5 bis 10 %) schlägt er einseitig aus, drückt auf den Stempel, verschiebt ihn und die Federklinke wird ausgelöst. Darauf schlägt die freigegebene Feder das Absperrventil zu, und die Turbine wird gestoppt, ohne eine ihr gefährlich werdende Drehzahl aufgenommen zu haben. Diese Vorrichtung nennt man Schnellschluß. Die Auslösung der Klinke erfolgt bei anderer Ausführung durch Drucköl.

§ 28. Das eine Grundsystem der Dampfturbine bildet die geschilderte Aktionsturbine. Das zweite System ist die sogenannte Ueberdruck- oder Reaktionsturbine.

In Fig. 43 ist eine solche Turbine dargestellt. In Wirklichkeit wird sie nicht so gebaut. Das Bild soll lediglich die Arbeitsweise erklären. Durch das auf der Welle sitzende Rad sind vom Umfang nach der hohlen Radmitte Kanäle gebohrt, außen Rohre mit umgebogenen Enden eingeführt. Der Dampf tritt durch die hohle Welle ein. Beim Austritt aus den umgebogenen Rohrenden expandiert der Dampf und nimmt dabei hohe Geschwindigkeit auf. Es herrscht also an der Rohrmündung viel niedrigerer Druck als in der Rohrbiegung. Von

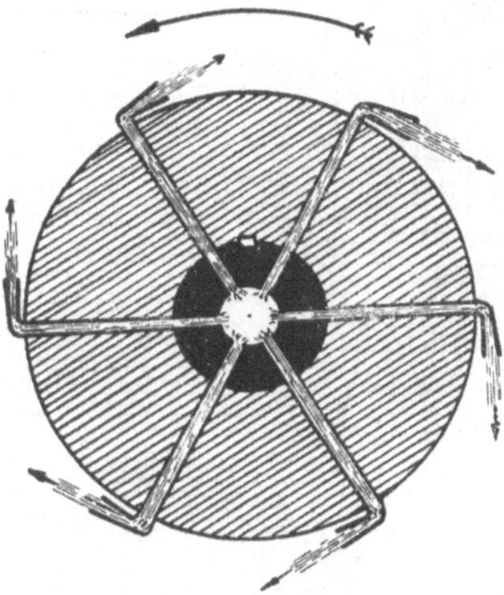

Fig. 43. Reine Reaktionsturbine.

dieser nimmt der Dampf (wie z. B. der Läufer mit seinen Füßen von der Erde) seinen Abstoß. Die Folge ist, daß das Rad infolge dieses Rück- oder Reaktionsdruckes entgegengesetzt zur Richtung des Dampfstrahles sich in Drehung setzt, wie es die Pfeile andeuten. Hält man das Rad eisern fest, daß es sich nicht drehen kann, dann treten die Dampfstrahlen aus den umgebogenen Rohrenden (Düsen) mit einer dem Druckgefälle ent-

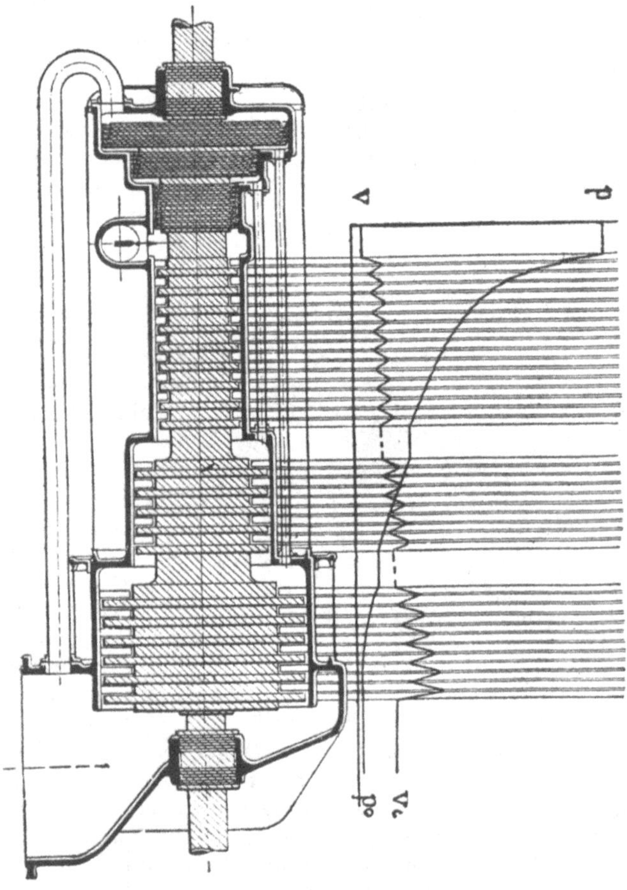

Fig. 14.
Stationäre Parsonsturbine. Druck- und Geschwindigkeitsdiagramm.
p = Druck-, v = Geschwindigkeitsverlauf.

sprechenden Geschwindigkeit in das umgebende Gehäuse. Läßt man nun das Rad los, so fängt es an zu laufen, und zwar so schnell, wie vorher beim Festhalten der Dampf heraussauste. Der Dampf steht jetzt beim Heraustreten fast still, denn seine Geschwindigkeit wird durch das sich drehende Rad aufgezehrt. Die Rohrenden schieben sich also gewissermaßen über den Dampf herüber.

Die Turbine, welche zum Teil nach diesem Prinzip gebaut ist, ist die von dem Engländer Parsons erfundene Reaktions- oder Ueberdruck-Turbine. Sie besteht aus einer auf die Welle gesetzten Stahltrommel, welche einen, zwei oder gar drei verschiedene Durchmesser besitzt, in Fig. 44 z. B. drei. Die Trommel ist mit einer großen Zahl von Schaufelkränzen besetzt. In das Gehäuse ist eine entsprechende Anzahl von Umkehrschaufelreihen eingebaut. Aus Abb. 45 A kann man nun im Vergleich mit den Schaufelbiegungen und Dampfdurchgängen der Fig. 45 B (Aktionsschaufeln) erkennen, daß in der Parsonsturbine die Laufschaufeln b viel weniger gebogen sind und zur Querachse der Trommel (in Richtung der Kränze) eine ganz einseitige Lage haben. Der Einfachheit halber sind die Leitschaufeln a, welche fest im Gehäuse sitzen, ebenso angeordnet, natürlich in umgekehrter Biegung. Der Dampf tritt z. B. in den oberen Leitkranz a ein. Er expandiert, da sehr viele Laufkränze angeordnet werden, verhältnismäßig wenig. Dabei nimmt er eine bestimmte Geschwindigkeit auf, mit welcher er in den ersten Laufkranz b eintritt. Nun haben diese Laufschaufeln, wie bei c sichtbar, Eintrittslücken, welche infolge der einseitigen Schaufelstellung viel weiter sind als beim Austritt d. So muß sich der Dampf zwischen den Schaufeln stauen, und die Folge ist, daß er erst beim Austritt d herausexpandiert und nicht schon von c an. Durch diese Expansion bei d heraus nimmt er Geschwindigkeit auf. Der Abstoß zur Aufnahme dieser Geschwindigkeit hat nun dieselbe Wirkung wie bei den umgebogenen Rohrenden in Fig. 43. Der Abstoß wirkt infolge der einseitigen Lage der Schaufeln fast in der Bewegungsrichtung und bringt sie zum Drehen. So

Fig. 45. A. Reaktionsschaufeln. a. Leitkränze, b. Laufkränze, c. Eintritts-, d. Austrittsweite. B. Aktionsbeschaufelung.

wiederholt sich das Spiel von Kranz zu Kranz. Während in der Aktionsturbine die Geschwindigkeitserzeugung allein in den Düsen erfolgte und infolge der gleichweiten

Durchgänge vor und hinter den Laufschaufeln Gleichdruck herrschte, erfolgt in der Parsonsturbine die Geschwindigkeitserzeugung sowohl in den Leit- wie in den Laufschaufeln.

Die Dampfgeschwindigkeit aus den Leitschaufeln (deren Durchgänge hier als Düsen wirken) wirkt auf die Laufschaufeln ebenso wie in der Aktionsturbine. Zu dieser Geschwindigkeit kommt in der Reaktionsturbine von Parsons noch die hinzu, welche durch Expansion in den Laufschaufeln erzeugt wird und auf diese als Reaktionsschub oder Rückdruck wirkt. Man hat hier also eine Vereinigung von Aktions- und Reaktionswirkung. Im Gegensatz zur Aktionsturbine herrscht in der Reaktionsturbine infolge der verengten Schaufelaustritte vor den Laufschaufeln höherer Druck als hinter ihnen, also bei c höherer Druck als bei d. Man nennt die Turbine deshalb auch Ueberdruckturbine.

In jedem einzelnen Leit- und Laufkranz wird hier Geschwindigkeit erzeugt. Die Turbine arbeitet daher mit reiner Druckabstufung.

Weil jeder Laufkranz durch zwei Dampfgeschwindigkeiten betätigt wird, nämlich durch die im Leitschaufelkranz und die im Laufkranz selbst erzeugte, so muß die Turbine mit voller Beaufschlagung arbeiten.

In der Aktionsturbine herrscht vor und hinter jedem Rade Gleichdruck. Ein Schub in der Wellenrichtung erfolgt also nicht, und es bedarf nur eines kleinen Drucklagers, um den notwendigen Abstand der Laufschaufeln von den Düsen oder Umkehrschaufeln zu erhalten, und so ein Anstreifen der Schaufeln zu verhüten (Schaufelsalat). In der Ueberdruckturbine herrscht dagegen vor den Laufschaufeln höherer Druck als hinter denselben. Es wird daher in der Richtung nach dem Dampfaustritt ein starker Schub auf die Trommel ausgeübt. Um diesen aufzuheben und dadurch das Drucklager zu entlasten, sind vor dem Dampfeintritt ein oder mehrere Entlastungskolben auf der Welle oder Trommel angeordnet. Sie weisen größeren Durchmesser als die schaufelbesetzten Teile auf, mit denen sie direkt oder durch Rohre verbunden sind (Fig. 44 links).

Die Entlastungskolben sind ebenso wie die Wellendurchgänge durch die Gehäuseböden in besonderer Weise abgedichtet. Fig. 46 zeigt einige Arten. Meistens sind es sogenannte Spitzendichtungen, d. h. fest in die Gehäusebohrung und in Nuten der Entlastungskolben bzw. der Welle eingesetzte Bronzeringe, welche an der Dichtungskante abgeschrägt sind, damit beim Anstreifen sich die scharfen Kanten nur abschleifen, ohne daß ein Bruch der Ringe entsteht. Das Spiel zwischen scharfer Kante und Gehäuse bzw. Entlastungskolben oder Welle beträgt nur 0,1 bis 0,2 mm. Durch Anordnung einer großen Zahl solcher Ringe (Labyrinth) wird der eindringende Dampf gezwungen, einen langen, verschlungenen Weg zu machen, wird mit herumgewirbelt und dadurch zum Teil kondensiert. Es tritt dann nur wenig Leckdampf aus. Die Stopfbüchse auf der Dampfaustrittsseite welche bei Kondensatoranschluß unter Luftleere steht, ist mit der auf der Dampfeintrittsseite ver-

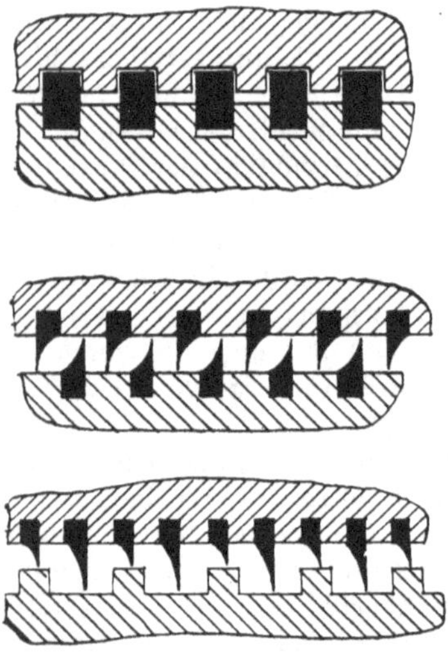

Fig. 46. Stopfbüchsendichtungen.

bunden. Ihr Leckdampf wird so nach der Niederdruckstopfbüchse abgeleitet und dichtet diese mit, so daß das Eindringen von Luft ins Gehäuse verhütet wird und damit eine Verschlechterung der Luftleere. Ein Frischdampfanschluß an diese Verbindungsleitung bringt den nötigen Dichtungsdampf in die Stopfbüchsen, wenn die Turbine mit nur geringer Leistung, d. h. wenig Dampf arbeitet. Eine Absaugleitung nach dem Kondensator oder einer mit Unterdruck arbeitenden Niederdruckstufe ermöglicht das Absaugen bei zu starkem Dampfen und verhütet Wasserverlust.

Um die Turbine überlasten zu können, d. h. mehr Dampf verarbeiten zu können, als das Einlaßventil durchläßt, ist vielfach eine Ueberlastungsleitung mit Ventil an eine der mittleren Expansionsstufen angeschlossen.

Die Schaufeln (besonders in der Reaktionsturbine) und die Dichtungen der Entlastungskolben und Stopfbüchsen der Wellendurchtritte erfordern eine sehr genaue Einhaltung der Wellenlage. Die Traglager dürfen deshalb nur 0,1—0,3 mm nach unten ausschleißen. Dann müssen sie nachjustiert werden, um die richtige Lage der Welle wiederherzustellen. Um die Lagerabnutzung daher möglichst gering zu machen, werden die Lager, ebenso das Drucklager mit Drucköl geschmiert. Die Druckschmierung besorgt meistens eine von der Regulatorwelle aus angetriebene Zahnradpumpe. Sie saugt das Oel aus einem Sammeltank, in dem es aus den Lagern zusammenläuft, und drückt es durch Filter und einen Röhrenkühler in die Lager. Es darf nur ein nichtseifendes, dünnflüssiges Mineralöl verwendet werden. Bei kleinen Turbinen kommt man auch mit Ringschmierung aus.

Die Höhenlage der Welle und ihre durch das Drucklager festgelegte Stellung in der Längsrichtung wird bei Stillstand der Turbine durch besondere, beigegebene Meßvorrichtungen wie Meßklötze, Brücken, Leeren oder Mikrometerschrauben festgestellt. Sie sitzen entweder fest an den Meßstellen oder werden auf glatt bearbeitete Stellen an den Lagerstühlen aufgesetzt.

Die Linie oben in Fig. 44 von p bis po stellt den Verlauf der Expansion des Dampfes in der Schaufelung dar, die Zickzacklinien von v bis vo den Verlauf der Geschwindigkeitserzeugung in den einzelnen Umkehrstufen der Reaktionsturbine. Die erzeugte Geschwindigkeit durch Expansion in den Laufschaufeln tritt nicht in die Erscheinung, weil sie im gleichen Schaufelkranz unmittelbar in Arbeit umgesetzt wird.

§ 29. **Die Turbine als Schiffsmaschine.** Eine Turbine arbeitet nur wirtschaftlich, wenn sie mit großer Dampf-, also auch Schaufelgeschwindigkeit läuft. Ihre Drehzahl ist deshalb so hoch, daß sie sich für direkte Kupplung mit einer Schiffsschraube oder Schaufelrädern wenig eignet. Letztere verlangen nämlich niedrige Drehzahlen, wenn sie einen hohen Nutzeffekt erreichen sollen. Man schaltet deshalb zwischen Turbine und Schraube oder Schaufelrad ein einfaches oder doppeltes Zahngetriebe. Dann kann die Turbine mit geeigneter hoher und Schraube oder Schaufelrad mit niedriger Drehzahl laufen, wie es die gute Wirtschaftlichkeit beider Teile verlangt. Solche zwischengeschalteten Zahngetriebe findet man auch mitunter zwischen Turbine und Dynamo oder Pumpen. Die Zahngetriebe werden in öldichten Gußgehäusen untergebracht, ihre Lager und Zähne mit Drucköl geschmiert. Das Oel wird durch Sprengrohre in die zum Eingriff kommenden Zahnlücken hineingespritzt. Auf einer Achse werden stets zwei nebeneinandersitzende Zahnkränze angeordnet. Ihre Zähne liegen nicht wagerecht, sondern sind 20—45° wechselseitig gegen die Achse geneigt. Dadurch wird das Eingriffsgeräusch wesentlich gemildert.

Die Schiffsturbine wird gewöhnlich in eine Hoch- und eine Niederdruckturbine geteilt. Jede Turbine sitzt in einem besonderen Gehäuse und treibt je ein kleines Zahnrad (Ritzel), welches in ein großes Zahnrad eingreift. Im Gehäuse der Niederdruckturbine ist auf dem Abdampfende auf die Welle eine Rückwärtsturbine gesetzt. Dies ist nötig, da eine Turbine sich nicht umsteuern läßt. Der Dampf durchströmt die Rückwärtsturbine in umgekehrter Richtung wie die Vorwärtsturbine, so daß die Abdampfenden einander zugekehrt sind und nur ein Dampfabgangsrohr nach dem Kondensator erforderlich ist. Die Rückwärtsturbine besteht meistens nur aus einem mehrkränzigen Curtisrad, ist also viel einfacher und kürzer aufgebaut als die Vorwärtsturbinen. Sie leistet meistens nur 50—60 Prozent der Vorwärtskraft und nutzt den Dampf, weil sie nur wenig gebraucht wird, nicht vorteilhaft aus. Bei Vorwärtsgang läuft die Rückwärtsturbine natürlich mit, steht aber unter Luftleere, so daß sie nur geringen Ventilationsverlust verursacht. Bei Rückwärtsgang stehen die Vorwärtsturbinen unter Vakuum und werden mit herumgenommen.

Die Zahnradgehäuse haben Schaulöcher, um bei Stillstand die Zähne auf ihren Zustand schnell prüfen zu können. Für ihre gute Erhaltung und Einschränkung der Abnutzung ist ebenso wie für die Lager der Zahnrad- und Turbinenwellen bestes Oel erforderlich. Neuerdings bedient man sich der Schleuderreinigung in Zentrifugalapparaten, um damit ein und dasselbe Oel jahrelang brauchbar zu erhalten. Turbinen und Zahngetriebe werden meistens durch eine gemeinschaftliche Pumpe geschmiert.

§ 30. **Sonderverwendung der Turbine als Gegendruck-, Anzapf-, Abdampf- oder kombinierte Frischdampf-Abdampf-Turbine.** Die Verwendung des Dampfes ist in den meisten

Industriezweigen eine sehr verschiedene, auf einem Gebiete aber ein und dieselbe, nämlich für die Deckung des Bedarfs an Lichtstrom und zum Betriebe aller Arten von Maschinen mittels elektrischer Energie. Hier wendet man allgemein hochgespannten Heißdampf an. In der folgenden Zusammenstellung sind Beispiele angeführt, wo das ohne Drosselung des Dampfes nicht der Fall ist. Diese Drosselung ist aber gleichbedeutend mit Einbuße an Energie.

Verwendungsgebiet	Verwendungszweck	Erforderlicher Ueberdruck des anzuwendenden Dampfes
Sämtliche Fabriken, Zentralen, Kranken-, Warenhäuser, Heizungskraftwerke	Heizung, Trocknung, Badezweck, Warmwasser	0,2—1,3 atm.
Fernheizanlagen	Heizung	3 —9 atm.
Chemische Fabriken	Koch- und Heizzwecke	0,8—2,5 atm.
Zucker- u. Spiritusindustrie	Kochen und Trocknen	0,2—5 atm.
Papierindustrie (Zellulose	Heizung, Trocknen, Warmwasser	0,2—3,5—6 atm.
Bierbrauereien	Kochen, Trocknen, Warmwasser	0,2—4 atm.
Textilindustrie	Kochen, Trocknen, Warmwasser	0,6—4 atm.
Kaliwerke, Salinen	Kochen, Dämpfen, Heizen	0,5—3 atm.

Dazu kommen noch die Braunkohlenbrikettfabrikation, die Industrie der Tone und Erden, Holzbearbeitungs- und Holzimprägnieranstalten, die Großindustrie der Nahrungs- und Genußmittel usw.

Wollte man so niedrig gespannte Dämpfe in Mittel- oder Niederdruckkesseln erzeugen, so wäre das gleichbedeutend mit Brennstoffvergeudung. Aus dem Brennstoff muß aber das Aeußerste herausgeholt werden. Dazu bietet die Turbine ein gutes Mittel. Mit ihrer Hilfe kann der in einem Hochdruckkessel erzeugte hochgespannte Dampf sowohl für Kraft und Licht, als auch für alle in der Tabelle genannten Zwecke *zugleich* ausgenutzt werden.

Die Gegendruckturbine nutzt den hochgespannten Dampf aus bis hinunter auf die niedrigen Spannungen von 0,2—5 Atm. Ueberdruck. Infolge des beschränkten Druckgefälles besteht sie nur aus einem Curtisrade mit 2 oder drei Geschwindigkeitsstufen oder einer geringen Anzahl reiner Druckstufen, in anderer Ausführung aus einem zweikränzigen Curtisrade und einer Anzahl Parsonsstufen (dann heißt sie gemischte Turbine, da sie einen Gleichdruck- und einen Ueberdruckteil besitzt).

Die Anzapfturbine. Bei in der Tabelle angegebenen Drucken von 5—9 Atm. wird das Druckgefälle für eine reine Gegendruckturbine zu gering, um noch mit Vorteil Verwendung zu finden. In den meisten Industriezweigen werden aber neben den hohen Drucken von 5—9 Atm. noch solche von niederer Spannung für andere Zwecke gebraucht. Dann verwendet man eine Anzapfturbine. Am Gehäuse bringt man an der Stufe, oder bei verschieden hoch verlangten Spannungen an den Stufen Ableitungsstutzen an, welche die nötigen Drucke für andere Verwendungszwecke führen. Dabei wird an den Anzapfungsstellen der Turbine nicht aller Dampf entzogen, sondern nur ein Teil. Den Rest nutzt die Turbine bis zum Kondensatordruck für Krafterzeugung aus. Hier ist also im Gegensatz zur Gegendruckturbine ein Kondensator erforderlich. Infolge der Anzapfung weist die Turbine einige Stufen weniger auf als die Normalausführung.

Die Abdampfturbine. In der Ausnutzung niedriggespannten Dampfes ist die Turbine der Kolbenmaschine bedeutend überlegen. In dieser kann der Dampf mit Vorteil nur bis etwa 0,7 Atm. absolut expandieren, in der Turbine dagegen bis zum Kondensatordruck. Je besser das Vacuum also ist, desto *vorteilhafter für die Turbine und die Dampfausnutzung.*

Nun gibt es auf Zechen und Hüttenwerken eine Reihe von Maschinen wie Dampfhämmer, Walzenzug-, Fördermaschinen usw., welche nur *zeitweise* und deshalb nicht mit Kondensation, sondern mit *Auspuff* arbeiten. Hier springt die Abdampfturbine ein, um diesen sonst verlorenen Dampf bis zur Luftleere im Kondensator hinunter mit großem Vorteil zur Krafterzeugung auszunutzen. Da die Auspuffmaschinen immer nur zeitweise und mit stark schwankenden Dampfmengen arbeiten, schickt man diese in einen *Dampfspeicher.* Das ist ein großer Behälter, in welchem sich der Abdampf und seine Wärme sammelt. Aus diesem Speicher entnimmt nun die Abdampfturbine ihren Dampf. Er wird durch einen Regler der Turbine mit niedrigerer Spannung zugeführt, damit, wenn die Dampfzufuhr von den Auspuffmaschinen zeitweise geringer wird oder auch ganz aussetzt, der Turbinenbetrieb nicht unterbrochen wird und der Speicher ihn weiterspeisen kann.

Die Abdampfturbine erhält eine Anzahl reiner Druckstufen oder eine Anzahl Parsonsstufen.

Die vereinigte Frischdampf-Abdampf- oder Mischdampf- oder Zweidruckturbine. Da, wo der Maschinenbetrieb, dessen Abdampf verwertet werden soll, größere Unterbrechungen erleidet, so daß der Druck im Wärmespeicher unter denjenigen sinkt, welchen die Turbine für die Kraftlieferung gebraucht, und wo außerhalb der Betriebszeiten viel elektrische Energie nötig ist oder auch da, wo der Maschinenabdampf für die erforderliche Turbinenleistung nicht ausreicht, ist die Zweidruckturbine am Platze. Sie besteht aus einer Abdampfturbine mit weitem Dampfeintrittsraum für den niedriggespannten Dampf aus dem Wärmespeicher. Vor den Abdampfteil ist nun noch eine Hochdruckturbine geschaltet, welcher Frischdampf zugeführt wird, sobald der Wärmespeicherdruck zu weit sinkt oder größerer Kraftbedarf vorliegt, als aus dem Dampf des Wärmespeichers gedeckt werden kann. Der vorgeschaltete Hochdruckteil erhält gewöhnlich ein zweikränziges Curtisrad oder mehrere reine Druckstufen. Weitgehende Aenderung der Beaufschlagung des Hochdruckteiles gewährleistet wirtschaftliche Ausnutzung der Zusatzleistung.

§ 31. Behandlung der Turbine. Ueber die Behandlung der Turbinen können hier nur allgemeine Richtlinien angegeben werden. Für jede Bauart ist gewöhnlich die Behandlung vom Erbauer besonders vorgeschrieben.

Vor Inbetriebsetzung der Turbine ist in kaltem Zustande mit den vorhandenen Vorrichtungen die Lage des Rotors in achsialer und radialer Stellung zu kontrollieren. Ist die Grenze der Lagersenkung oder die Grenzabnutzung des Drucklagers erreicht oder gar überschritten, dann darf die Turbine nicht in Betrieb genommen werden. Erst ist die normale Lage des Läufers wieder herzustellen. Die Kontrolle muß mit peinlicher Sorgfalt ausgeführt werden, weil von Bruchteilen eines Millimeters die Sicherheit der Maschine abhängt.

Ist in den Lagern die Grenze der Abnutzung erreicht, dann müssen die Schalen entweder neu ausgegossen oder Bleche zur Erreichung der normalen Lage untergelegt werden. Das Aufmessen der Lager ist auch in warmem Zustande vorzunehmen. Man wird die Beobachtung machen, daß beide Aufmessungen Unterschiede aufweisen. Die kalte Messung ist die maßgebende; doch muß die in warmem Zustande ebenfalls festgestellt werden, falls z. B. beim Warmwerden eines Lagers eine sofortige Aufmessung gleich nach der Betriebsunterbrechung erforderlich wird. Das Ergebnis der Messungen wird jedesmal mit

Datumsangabe in einem Lagerbuch festgelegt. Die kalte Messung soll nach Möglichkeit immer nach Außerbetriebsetzung der Turbine vorgenommen werden, sobald sie vollkommen abgekühlt ist. Das dauert je nach Größe der Maschine einen bis drei Tage. Zur Kontrolle ist die Messung vor Inbetriebnahme der Turbine nochmals auszuführen. Nebenher muß man nach Abstellen stets die warme Messung ausführen. Größte Gewissenhaftigkeit ist dabei unbedingt erforderlich!

Das Oel im Sammeltank wird auf gute Beschaffenheit, der Filter auf Sinkstoffe und Reinheit untersucht. Finden sich Metallspäne, so ist ihre Herkunft genau zu erforschen, da glatte Lagerflächen Grundbedingung für sicheren Betrieb sind. Wasser im Oel rührt von Stopfbüchsendampf her, welcher trotz den vor den Lagern angeordneten Dampfschirmen in sie hineinzieht. Erweist sich das Oel als verschmutzt oder mit Wasser durchsetzt, dann muß es sofort ausgewechselt oder, wie neuerdings mit großem Vorteil angewendet, durch einen Zentrifugalreiniger geschickt werden. Falls Andeutungen, z. B. ungewöhnliche Lagerabnutzung, auftreten, wechsle man das Oel sofort aus. Von der Beschaffenheit des Oeles ist die Sicherheit der Turbine viel mehr abhängig als die Kolbenmaschine. Im Tank muß stets genug Oel vorhanden sein, damit die Pumpe nicht versagt. Die Menge muß laufend kontrolliert werden. Der Schnellschluß ist durch Handauslösung zu prüfen.

Beim Anwärmen sind die Entwässerungen zu öffnen. Bei Kondensationsbetrieb ist möglichst hohes Vacuum zu halten und Sperrdampf in die Stopfbüchsen zu lassen. Die unabhängige Oelpumpe wird angestellt, um die erste Oelversorgung zu übernehmen. Aktionsturbinen und besonders solche mit teilweiser Beaufschlagung werden allgemein so angewärmt, daß man sie durch Einlassen von Dampf sofort langsam angehen läßt, um ein Verziehen besonders des ersten Laufrades zu verhüten. Je nach Größe bringt man sie in 1/4 bis einer Stunde auf normale Drehzahl. Dann werden sie belastet und 1/4 bis 1/2 Stunde hinterher die Entwässerungen geschlossen. Reaktionsturbinen, die ja eine Trommel besitzen und voll beaufschlagt sind, läßt man nicht anlaufen, sondern schickt einerseits bei Kondensationsbetrieb reichlich Sperrdampf in die vordere Stopfbüchse, welcher allmählich die ganze Turbine durchzieht. Weiter gibt man durch geringes Oeffnen des Einlaßventils noch mehr Anwärmedämpfe hinzu. Ist die Turbine 1/2 bis 2 Stunden, je nach Größe, durchwärmt, dann kann sie angelassen werden. Die Anwärmezeiten sind gewöhnlich vorgeschrieben.

Das Anlassen der Turbinen hat langsam zu erfolgen, um sprungweise Dehnungen, starke Kondensation und Mitreißen von Wasser aus der Rohrleitung zu verhüten. Besonders groß wird die Gefahr beim Ueberkochen der Kessel. Durch die großen Dampfgeschwindigkeiten kann das mitgerissene Wasser die Schaufeln verbiegen, die im unteren Gehäuseteil durch das Wasser schleifen, sie zum Anlaufen bringen, und der Bruch ist da! Man reduziere also rechtzeitig oder stelle die Turbine ganz ab.

Während des Betriebes sind die Lager, der Oeldruck, die Oeltemperatur, die Filter und die Beschaffenheit des Schmieröles sorgfältig zu überwachen. Wärmt sich ein Lager an, so ist der Oeldruck zu erhöhen, der gewöhnlich durch Ventile eingestellt wird. Hilft das nicht, dann müssen die Umläufe ermäßigt werden, bis das Lager wieder normale Temperatur annimmt. *Heißlaufen bedingt sofortiges Stoppen!* Es ist in Turbinen bei vorschriftsmäßiger Wartung und infolge der intensiven Schmierung und Wärmeabführung ein seltenes Vorkommnis. Man werde aber durch diese Sicherheit nicht nachlässig; denn ein warmes Lager hat, wenn das Metall zu schmelzen beginnt (und das geht bei den hohen Turbinenumdrehungen rapide!), in der Turbine viel schwerere Folgen als in der Kolbenmaschine! Dieser schadet es meistens wenig; die Turbine kann aber in wenigen Sekunden in Schaufelung, Stopfbüchsen und Entlastungskolben vollkommen zerstört werden! Man lasse sich dadurch, daß alles gut geht und die Lagermessung meistens dasselbe Bild zeigt, nie zur Sorglosigkeit verleiten! Die Vorsicht kann nicht weit genug gehen!

Hohe Luftleere im Kondensator ist Grundbedingung für den wirtschaftlichen Betrieb der Turbine. Die Stopfbüchsen sind sorgfältig zu beobachten. Gewöhnlich münden von ihnen her dünne Rohre in der Nähe des Bedienungsstandes, um die Stärke des Dampfens (Wrasen) erkennen zu können. Zu starkes Dampfen ist gleichbedeutend mit Dampfverschwendung und Speisewasserverlust; zu wenig Dichtung beeinträchtigt die Luftleere und bringt Luft in das Kondensat (vermehrte Luftpumpenarbeit, Kesselanfressungen).

Eine Kontrolle der inneren laufenden Teile der Turbine während des Betriebes ermöglicht ein sogenannter Horchstab. Er besteht aus einer hohlen Stahlröhre mit angeschlossener Schalldose. Ungewöhnliche Geräusche sind mit diesem Instrument, welches an nicht bekleidete Gehäuseteile angelegt wird, leicht feststellbar.

Soll die Turbine abgestellt werden, so ist unter Oeffnen der Entwässerungen das Abstoppen am besten durch Auslösen des Schnellschlusses vorzunehmen, welcher damit zugleich probiert wird. Unter Anstellen von wenig Sperrdampf ist der Kondensationsbetrieb zur Erzeugung hoher Luftleere noch ½—1 Stunde in Gang zu halten. Dadurch werden Gehäuse und Rotor gut ausgetrocknet, und bei längerer Betriebspause beugt man damit inneren Anrostungen vor. Da, wo bei Reaktionsturbinen die

Trommel vorn und hinten durch einen Boden geschlossen ist, hat sie am hinteren Ende häufig eine Entwässerungsöffnung. Eine auf der Welle angebrachte Marke läßt die Stellung der Oeffnung erkennen. Die Turbine ist dann so zu stoppen, daß die Oeffnung nach unten steht.

Es empfiehlt sich, gleich nach dem Stoppen Lagermessungen vorzunehmen, um nötig werdende Maßnahmen gleich treffen zu können.

Bei längerer Außerbetriebsetzung sind die Turbinen täglich zu drehen und etwas Oel in die Lager zu geben, damit die Wellen- und Kammzapfen nicht rosten. Das Turbinenöl haftet nämlich nicht lange und besitzt deshalb nur geringe konservierende Eigenschaften.

Die metrischen Maße und Gewichte.

Abgekürzte Bezeichnungen.

1 Meter = 1 m; 1 Dezimeter = 1 dm; 1 Zentimeter = 1 cm; 1 Millimeter = 1 mm.

1 Quadratmeter = 1 qm; 1 Quadratdezimeter = qdm; 1 Quadratzentimeter = 1 qcm; 1 Quadratmillimeter = 1 qmm.

1 Kubikmeter = cbm; 1 Kubikdezimeter = cdm; 1 Kubikzentimeter = ccm; 1 Kubikmillimeter = 1 cmm.

1 Liter = 1 *l*.

1 Tonne = t; 1 Kilogramm = kg; 1 Gramm = 1 g.

1 Kilogrammeter = kgm.

Maß- und Gewichtsverhältnisse.

1 m = 10 dm = 100 cm = 1000 mm.
1 dm = 10 cm = 100 mm.
1 cm = 10 mm.

1 qm = 100 qdm = 10 000 qcm = 1 000 000 qmm.
1 qdm = 100 qcm = 10 000 qmm.
1 qcm = 1 000 qmm.

1 cbm = 1000 cdm = 1 000 000 ccm = 1 000 000 000 cmm.
1 cdm = 1 000 ccm = 1 000 000 cmm.
1 ccm = 1 000 cmm.

1 cdm = 1 *l* = 1000 ccm.

1 t = 1000 kg = 1 000 000 g.
1 kg = 1 000 g.

Inhaltsübersicht.

(Die Nummern bezeichnen die Seitenzahlen.)